茶中国

胡涛 主编

图鉴全书

江西科学技术出版社

·南昌·

图书在版编目（CIP）数据

中国茶图鉴全书 / 胡涛主编. -- 南昌 ：江西科学
技术出版社，2019.7（2023.11重印）
ISBN 978-7-5390-6625-7

Ⅰ. ①中… Ⅱ. ①胡… Ⅲ. ①茶文化－中国－图集
Ⅳ. ①TS971.21-64

中国版本图书馆CIP数据核字(2018)第259653号

选题序号：ZK2018330
责任编辑：万圣丹

中国茶图鉴全书
ZHONGGUO CHATUJIAN QUANSHU

胡涛　主编

出　　版	江西科学技术出版社	
社　　址	南昌市蓼洲街2号附1号	
	邮编：330009　电话：（0791）86623491　86639342（传真）	
发　　行	全国新华书店	
印　　刷	永清县晔盛亚胶印有限公司	
开　　本	787mm×1092mm　1/16	
字　　数	250千字	
印　　张	17	
版　　次	2019年7月第1版　2023年11月第2次印刷	
书　　号	ISBN 978-7-5390-6625-7	
定　　价	98.00元	

赣版权登字：-03-2019-057

CONTENTS
目录

第一章 源远流长的中国茶文化

第二章 领略中国茶艺精髓

第三章 清幽雅致的绿茶

第四章 华美优雅的红茶

第五章 独具陈香的黑茶

第六章 回味甘甜的乌龙茶

第七章 色黄而碧的黄茶

第八章 如银似雪的白茶

第九章 芳香怡人的花茶

第一章

源远流长的中国茶文化

茶在中国，素有"国饮"之称，
足以见其文化足迹，非一朝一夕而成。
闲暇之时，手执一杯香茗，
细细品读源远流长的中国茶文化。

你认识"茶"吗

　　中国是茶的故乡，也是茶文化的发源地。茶的发现和利用在中国已有四五千年的历史，且茶文化长盛不衰，传遍全球。茶是中华民族的大众之饮，发于神农，闻于鲁周公，兴于唐朝，盛于宋代。

什么是茶

　　《茶经》中说："茶者，南方之嘉木也，一尺、二尺乃至数十尺，其巴山、峡川有两人合抱者。"

　　茶树是一种常绿木本植物，乔木型茶树高可达15～30米，基部干围达1.5米以上，寿命可达数百年，以至上千年之久。目前，人们通常见到的是栽培茶树，为了芽叶产量和方便采收，往往用修剪的方法，抑制茶树纵向生长，促使茶树横向扩展，所以树高多在0.8～1.2米之间。

茶树的起源

关于茶树的原产地，一直以来都是众说纷纭。部分学者认为茶树的原产地在印度；少数学者认为茶树原产地在"无名高地"；多数学者认为茶树的原产地在中国。现今，学术界认定：茶树原产于中国的云贵高原。

中国是世界上最早种茶、制茶、饮茶的国家，茶树的栽培已经有几千年的历史了。大量的历史资料和近代调查研究材料都证明了中国是茶树的原产地，云南、贵州、四川是茶树原产地的中心。由于地质变迁及人为栽培，茶树开始由此普及全国，并逐渐传播至世界各地。

魏晋南北朝时期，茶产渐多，茶叶商品化。人们开始注重精工采制以提高质量，上等茶成为当时的贡品。魏晋时期佛教的兴盛也为茶的传播起到推动作用，为了更好地坐禅，僧人常饮茶以提神。有些名茶就是佛教和道教圣地最初种植的，如四川蒙顶、庐山云雾、黄山毛峰、龙井茶等。

茶叶生产在唐宋时期达到一个高峰，茶叶产地遍布长江、珠江流域和中原地区，各地对茶季、采茶、蒸压、制造、品质鉴评等已有深入研究，品茶成为文人雅士的日常活动，宋代还曾风行"斗茶"。元明清时期是茶叶生产大发展的时期。人们制茶技术更高明，元代还出现了机械制茶技术，被视为珍品的茗茶也出现了。明代是茶史上制茶发展最快、成就最大的

朝代。朱元璋在茶业上诏置贡奉龙团，对制茶技艺的发展起了一定的促进作用，也为现代制茶工艺的发展奠定了良好基础，今天泡茶而非煮茶的传统就是从明代茶叶制作技术演变过来的成果。至清代，无论是茶叶种植面积还是制茶工业，规模都较前代扩大。

茶叶制作的演变

中国茶叶的制作从手工制茶发展到机械制茶。由于制茶技术不断改革，各类制茶机械相继出现，先是小规模手工作业，接着出现各道工序机械化。除了少数名贵茶仍由手工加工外，绝大多数茶叶的加工均采用了机械化生产。

饮茶方式的演变

中国人饮茶已有数千年的历史。"神农尝百草，日遇七十二毒，得茶而解之"，可见当时茶主要是作为药用，而真正的"茗饮"应是秦统一巴蜀之后的事。

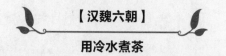

【汉魏六朝】

用冷水煮茶

饮茶历史起源于西汉时的巴蜀之地。从西汉到三国时期，在巴蜀之外，茶是仅供上层社会享用的珍稀之品。关于汉魏六朝时期饮茶的方式，古籍仅有零星记录，《桐君采药录》中说："巴东郡有真香茗，煎饮，令人不眠。"这一时期的饮茶方式是煮茶法，以茶入锅中熬煮，然后盛到碗内饮用。当时还没有专门的煮茶、饮茶器具，大多是在鼎或釜中煮茶。

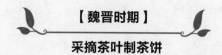

【魏晋时期】

采摘茶叶制茶饼

魏晋南北朝时期，饮茶之风已逐步形成。这一时期，南方已普遍种植茶树。《华阳国志·巴志》中说："其地产茶，用来纳贡。"《蜀志》记载："什邡县，山出好茶。"魏晋时期，三峡一带的茶饼制作与煎煮方式仍保留着以茶为粥或以茶为药的特征。操作过程是先采摘茶树的老叶，将其制成茶饼，再把茶饼在火上微烤至变色，并将茶饼捣成细末，最后浇以少量米汤固化。

【唐代】

始创煎茶法

到了唐代，饮茶风气渐渐普及全国。唐朝的茶，以团饼为主，也有少量粗茶、散茶和米茶。饮茶方式，除延续汉魏南北朝的煮茶法外，还有煎茶法。煎茶法是陆羽所创，主要程序有：备器、炙茶、碾罗、择水、取水、候汤、煎茶、酌茶、啜饮。与"散叶茶末皆可，冷热水不忌"的煮茶法不同，煎茶法通常用茶末，采用沸水，一沸投茶，环搅，三沸而止。

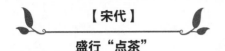

【宋代】
盛行"点茶"

饮茶的习俗在唐代得以普及，在宋代达到鼎盛。此时，不但王公贵族经常举行茶宴，皇帝也常以贡茶宴请群臣。在民间，茶也成为百姓生活中的日常必需品之一。宋朝前期，茶以片茶（团、饼）为主；到了后期，散茶取代片茶占据主导地位。在饮茶方式上，除了继承隋唐时期的煎、煮茶法外，又兴起了点茶法。为了评比茶质的优劣和点茶技艺的高低，宋代盛行"斗茶"，而点茶法也就是在斗茶时所用的技法。先将饼茶碾碎，置茶盏中待用，以釜烧水，微沸初漾时，先在茶叶碗里注入少量沸水调成糊状，然后再注入适量沸水，边注边用茶筅搅动，使茶末上浮，产生泡沫。

点茶步骤：

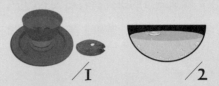

1. 将饼茶碾碎，置适量于茶盏中，待用。
2. 冷水倒入釜中，烧至微沸、初漾。

3. 往茶盏里注入少量沸水，调成糊状。
4. 继续注入适量沸水，边注水，边用茶筅搅动，使茶末上浮，产生泡沫。

【元明】
多用散茶泡茶

元朝泡茶多用末茶，并且还杂以米面、麦面、酥油等佐料；明代的细茗，则不加佐料，直接投茶入瓯，用沸水冲开，杭州一带称之为"撮泡"，这种泡茶方式是后世泡茶的先驱。明太祖朱元璋正式废除团饼茶，提倡饮用散茶。

【清朝】
"工夫茶艺"兴盛

清朝在茶叶品饮方面的最大成就是"工夫茶艺"的完善。工夫茶，是为适应茶叶撮泡的需要，经过文人雅士的加工提炼而成的品茶技艺。大约明代形成于浙江一带的都市里，扩展到闽、粤等地，到了清朝，逐渐转移到以闽南、潮汕一带为中心，至今以"潮汕工夫茶"最负盛名。

茶与文化

　　我国对茶的研究有着悠久的历史，不仅为人们提供了茶种植生产的相关技术，也留下了很多记录茶史、茶事、茶人等内容的书籍，让后人了解茶文化的博大精深。

🍃 茶书

　　在浩如烟海的文化典籍中，不但有专门论述茶叶的书，而且在史籍、方志、笔记、杂考和字书类古书中，也都记有大量关于茶事、茶史、茶法及茶叶生产技术的内容。其中最著名的当属唐代陆羽所著的《茶经》，它是世界上现存最早、最完整、最全面介绍茶的专著，被誉为"茶叶百科全书"。

 茶诗

众多历代著名诗人、文学家写过茶诗，从西晋到当代，茶诗作者约870多人，茶诗达3500余篇。茶诗体裁多样，有律诗、试帖诗、绝句、宫词、联句、竹枝词、偈颂、俳句、新体诗歌以及宝塔诗、回文诗、顶真诗等。苏东坡一生就写了大量茶诗，如"我官于南今几时，尝尽溪茶与山茗"，在他的词作中也多有咏茶佳句，如"且将新火试新茶"。陆游的"晴窗细乳戏分茶"也是广被称引的名句。

 茶艺

茶艺包括选茗、择水、烹茶技术、茶具艺术、环境的选择创造等一系列内容，它渲染茶清纯、幽雅、质朴的气质，增强茶的艺术感染力。其过程体现形式和精神的相互统一，是饮茶活动过程中形成的文化现象。

 茶人

"茶人"一词，历史上最早出现于唐代，单指从事茶叶采制生产的人，后来也将从事茶叶贸易和科研的人统称为茶人，还包括爱饮茶、喜爱茶叶的人。我国历史上许多文人甚至帝王都是著名的茶人，如白居易、苏轼、黄庭坚、陆游、郑板桥、蒲松龄、宋徽宗、乾隆等。

中国四大茶区分布

中国茶区根据生态环境、茶树品种、茶类结构分为四大茶区，即华南茶区、西南茶区、江南茶区、江北茶区。

华南茶区

华南茶区包括福建东南部、台湾地区、广东中南部、广西南部、云南南部及海南。华南茶区茶树品种主要为大叶类品种，小乔木型和灌木型中小叶类品种亦有分布，生产茶类品种有乌龙茶、工夫红茶、红碎茶、绿茶、花茶等。

华南茶区气温为四大茶区最高，年均气温在20℃以上，一月份平均气温多高于10℃，≥10℃积温在6500℃以上，无霜期300天以上，年极端最低气温不低于−3℃。华南茶区雨水充沛，年降水量为1200～2000毫米，其中夏季占50%以上，冬季降雨较少。茶区的土壤以砖红壤为主，部分地区也有红壤和黄壤分布，土层深厚，有机质含量丰富。

西南茶区

西南茶区包括云南中北部、广西北部、贵州、四川、重庆及西藏东南部。西南茶区茶树品种丰富，乔木型大叶类和小乔木型、灌木型中小叶类品种都有，生产茶类品种有工夫红茶、红碎茶、绿茶、黑茶、花茶等，是中国发展大叶种红碎茶的主要基地之一。

西南茶区地形复杂，气候变化较大，平均气温在15.5℃以上，最低气温一般在−3℃左右，个别地区可达−8℃。≥10℃积温在4000~5800℃，无霜期200~340天。西南茶区雨水充沛，年降水量为1000~1200毫米，但降雨主要集中在夏季，冬、春季雨量偏少，如云南等地常有春旱现象。西南茶区的土壤类型多，主要有红壤、黄红壤、褐红壤、黄壤、红棕壤等，有机质含量较其他茶区高，有利于茶树生长。

江南茶区

　　江南茶区包括湖南、江西、浙江、湖北南部、安徽南部、江苏南部。江南茶区茶树品种以灌木型为主，小乔木型也有一定的分布，生产茶类有绿茶、乌龙茶、白茶、黑茶、花茶等。

　　江南茶区地势低缓，年均气温在15.5℃以上，极端最低气温多年平均值不低于−8℃，但个别地区冬季最低气温可降到−10℃以下，茶树易受冻害。≥10℃积温为4800~6000℃，无霜期230~280天。夏季最高气温可达40℃以上，茶树易被灼伤。

　　江南茶区雨水充足，年均降雨量1400~1600毫米，有的地区年降雨量可高达2000毫米以上，以春、夏季为多。茶区的土壤以红壤、黄壤为主，部分地区有黄褐土、紫色土、山地棕壤和冲积土，有机质含量较高。

江北茶区

　　江北茶区包括甘肃南部、陕西南部、河南南部、山东东南部、湖北北部、安徽北部、江苏北部。江北茶区茶树品种主要是抗寒性较强的灌木型中小叶种，生产茶类主要为绿茶。

　　江北茶区大多数地区的年平均气温在15.5℃以上，≥10℃积温为4500~5200℃，极端最低温为−10℃，个别年份极端最低气温可降到−20℃，造成茶树严重冻害，无霜期200~250天。江北茶区年降水量较少，在1000毫米以下，且分布不均，其中春、夏季降雨量约占一半。茶区的土壤以黄棕壤为主，也有黄褐土和山地棕壤，pH值偏高，质地黏重，常出现黏盘层，肥力较低。

茶叶的种类

茶叶是一种传统商品，花色品种很多，为了便于识别和掌握品质特点，进行科学分类是十分必要的。不同种类的茶叶，命名的方法五花八门，可以根据产地、产季、茶树品种、干茶外形、茶叶内质、加工工艺等分别进行命名。按照制作工艺和成品茶品质分为基本茶类和再加工茶。

基本茶类

绿茶

绿茶，又称不发酵茶，是以适宜茶树的新梢为原料，经过杀青、揉捻、干燥等传统工艺制成的茶叶。由于干茶的色泽和冲泡后的茶汤、叶底均以绿色为主调，因此称为绿茶。绿茶是历史上最早的茶类。

不发酵茶，
发酵度0%

白茶

白茶是中国六大茶类之一，为福建的特产，主要产区在福鼎、政和、松溪、建阳等地。基本工艺包括萎凋、烘焙（或阴干）、拣剔、复火等工序。它属于轻微发酵茶，是我国茶类中的特殊珍品，因其成品茶多为芽头，满披白毫，如银似雪而得名。

轻微发酵茶，发酵
度10%～20%

黄茶

人们在炒青绿茶的过程中发现，由于杀青、揉捻后干燥不足或不及时，叶色会发生变黄的现象，黄茶的制法也就由此而来。黄茶属于轻发酵茶类，其杀青、揉捻、干燥等工序与绿茶制法相似，关键差别就在于闷黄的工序。

轻发酵茶，发酵度
20%～30%

青茶

青茶又名乌龙茶，属半发酵茶类，基本工艺过程是晒青、晾青、摇青、杀青、揉捻、干燥，以其创始人苏龙（绰号乌龙）而得名。乌龙茶结合了绿茶和红茶的制法，其品质特点是，既具有绿茶的清香和花香，又具有红茶醇厚的滋味。

半发酵茶，发酵度30%～60%

红茶

红茶是在绿茶的基础上经过发酵而成，即以适宜的茶树新芽为原料，经过杀青、揉捻、发酵、干燥等工艺制作而成。制成的红茶其鲜叶中的茶多酚减少90%以上，新生出茶黄素、茶红素以及香气物质等成分，因其干茶的色泽和冲泡的茶汤，以红色为主调，故名红茶。

全发酵茶，发酵度80%～90%

黑茶

作为一种利用菌发酵方式制成的茶叶，黑茶属后发酵茶，基本工艺包括杀青、揉捻、渥堆和干燥四道工序。按照产区的不同和工艺上的差别，黑茶可分为湖南黑茶、湖北老青茶、四川边茶和滇桂黑茶。

后发酵茶，发酵度100%

再加工茶

再加工茶一般包括花茶、紧压茶、萃取茶、果味茶和药用保健茶。其中花茶又称熏花茶、香花茶、香片，是中国特有的香型茶。花茶始于南宋，已有千余年的历史，最早出现在福州。它是利用茶叶善于吸收异味的特点，将有香味的鲜花和新茶一起闷，待茶将香味吸收后再把干花筛除，花茶乃成。

茶叶的基本制作工艺流程

从茶树上绿油油的叶子，到或扁或圆，或紧结或蜷曲的干茶，经历了多道复杂烦琐的制作过程。茶叶的制作需要制茶师的丰富经验，以及对时间的恰当把握。

采摘

茶树一年可生长4～6轮芽叶，此时即为采茶时节，一般采收嫩芽和嫩叶，依茶叶的不同可有一芽一叶、一芽二叶、一芽三叶的不同选择。采收方式有人工采收和机器采收两种。采摘过程中若损伤到茶叶，会降低茶叶的品质，因此市面上常见的高级茶叶多是以人工方式采收的。

萎凋

萎凋是指将鲜叶通过日光或增加空气流通的方法，使之失去部分水分，从而变软、变色，同时使空气进入茶叶细胞内部，为发酵做好准备。萎凋处理得当与否关系到成茶品质的优劣。若失水过快，会导致茶叶味道淡薄；若叶内积水，会导致茶有苦涩味。

发酵

发酵是茶叶细胞经外力作用破损后，在空气中发生氧化作用，茶叶细胞内的多酚类化合物在酶的催化作用下，生成茶黄素、茶红素等氧化产物的过程。发酵的程度不同，茶叶的风味也不同，因此茶叶有不发酵茶（如绿茶）、部分发酵茶（如乌龙茶）、全发酵茶（如红茶）的区别。

杀青

　　杀青是用高温将茶叶炒熟（炒青）或蒸熟（蒸青）的过程。高温可以破坏发酵过程中酶的活性，使发酵过程停止，从而控制茶叶的发酵程度。如果只做不发酵茶，如绿茶，则可以在萎凋后直接杀青。杀青还能够消除茶鲜叶中的青臭味，逐渐生成茶叶的香气。

揉捻

　　揉捻是通过人工或机器使杀青之后的茶叶卷曲紧缩的过程。揉捻的压力可以使叶片内的汁液渗出，附着于茶叶表面，在冲泡时，茶叶中的内含物能很快溶解于热水中，成为香醇的茶汤。揉捻的手法有压、抓、拍、团、搓、揉、扎等，可制成片状、条形、针形、球形等。

干燥

　　根据操作方式的不同，干燥可分为炒干、烘干、晒干三种。茶叶经过干燥后可终止其进一步发酵，使茶叶的体积进一步收缩，便于保存。传统的干燥方式主要靠锅炒、日晒，现在大多使用机器烘干。干燥后的茶叶即称为"初制茶"或"毛茶"。

精制、加工、包装

　　精制是对初制茶的进一步筛选分类，包括筛分、剪切、拔梗、覆火、风选等程序，并将其依照品质来分级。加工包括焙火、窨花等，可以形成茶叶独特的风味和香气，焙火分为轻火、中火、重火三种，窨花常用的花朵为茉莉、桂花、珠兰、菊花等。加工后的茶叶经过恰当的包装，有利于储存、运输和销售。

茶叶的选购和鉴别

茶叶是生活中的必备品，怎么选择上好的茶叶、怎么分辨真茶与假茶、怎么识别新茶与陈茶显得尤其重要。

如何选购茶叶

壹 观察叶片整齐度

茶叶叶片形状、色泽整齐均匀的较好，茶梗、簧片、茶角、茶末和杂质含量比例高的茶叶，一般会影响茶汤品质，多是次级品。

贰 检查茶叶的干燥度

以手轻握茶叶微感刺手、轻捏会碎的茶叶，表示茶叶干燥程度良好，茶叶含水量在5%以下。

叁 看茶叶外观

茶叶的外形条索则随茶叶种类而异，如龙井呈剑片状，文山包种茶呈条形自然卷曲，冻顶茶呈半球形紧结，铁观音茶则为球形，香片与红茶呈细条或细碎形。

肆 试探茶叶的弹性

以手指捏叶底，一般以弹性强者为佳，表示茶菁幼嫩，制造得宜；而触感生硬者为老茶菁或陈茶。

绿茶清香,包种茶带花香,乌龙茶带熟果香,红茶携焦糖香,花茶则应有熏花之花香和茶香混合之强烈香气。

陆 检验发酵程度

红茶是全发酵茶,叶底应呈鲜艳红色为佳;乌龙茶属半发酵茶,绿茶镶红边以各叶边缘有红边、叶片中部淡绿为上;清香型乌龙茶及包种茶为轻度发酵茶,叶在边缘锯齿稍深位置呈红边、其他部分呈淡绿色为正常。

柒 看泡后茶叶底

冲泡后很快展开的茶叶,多是粗老之茶,条索不紧结,泡水薄,茶汤多平淡无味,且不耐泡。冲泡后叶面不展开或经多次冲泡仍只有小程度展开的茶叶,不是焙火失败就是已放置一段时间的陈茶。

捌 尝茶滋味

以少苦涩、带有甘滑醇味,能让口腔有充足的香味或喉韵韵者为好茶。苦涩味重、陈旧味或火味重者,则非佳品。

玖 观茶汤色

一般绿茶为蜜绿色,红茶为鲜红色,白毫乌龙呈琥珀色,冻顶乌龙呈金黄色,包种茶则呈蜜黄色。

甄别真假茶叶

真茶和假茶，一般都是通过眼看、鼻闻、手摸、口尝的方法来综合判断。

（1）眼看：茶叶的色泽细致均匀，则为真茶；如果茶叶颜色不一，则可能为假茶。

（2）鼻闻：如果茶叶的茶香很纯，没有异味，则为真茶；如果茶叶茶香很淡，异味较大，则为假茶。

（3）手摸：真茶一般摸上去紧实圆润，假茶都比较疏松；真茶用手掂量会有沉重感，而假茶则没有。

（4）口尝：冲泡后，真茶的香味浓郁醇厚，色泽纯正；假茶香气很淡，颜色略有差异，没有茶滋味。

辨别新茶与陈茶

 看色泽

茶叶在储藏的过程中，构成茶叶色泽的一些物质会在光、气、热的作用下，发生缓慢分解或氧化，失去原有的色泽，茶叶变得枯灰无光，汤色黄褐不清。

 捏干湿

取一两片茶叶用大拇指和食指稍微用劲一捏，能捏成粉末的是足干的新茶。

 闻茶香

构成茶香的醇类、酯类、醛类等物质会不断挥发和缓慢氧化，时间越久，茶香越淡，会使新茶的清香馥郁变成陈茶的低闷浑浊。

区分春茶、夏茶和秋茶

春茶

历代文献都有"以春茶为贵"的说法，由于春季温度适中，雨量充沛，加上茶树经头年秋冬季的休养，使得春茶芽叶硕壮饱满，色泽润绿，条索结实，身骨重实，所泡的茶浓醇爽口，香气高长，叶质柔软，无杂质。

夏茶

夏季炎热，茶树新梢芽叶迅速生长，使得能溶解于水浸出物含量相对减少，因此夏茶的茶汤滋味没有春茶鲜爽，香气不如春茶浓烈，反而增加了带苦涩味的花青素、咖啡因、茶多酚的含量。从外观上看，夏茶叶肉薄，且多紫芽，还夹杂着少许青绿色的叶子。

秋茶

秋天温度适中，且茶树经过春夏两季生长、采摘，新梢内物质相对减少。从外观上看，秋茶多丝筋，身骨轻飘。所泡成的茶汤淡，味平和，微甜，叶质柔软，单片较多，叶片大小不一，茎嫩，含有少许铜色叶片。

茶叶如何贮藏

在日常生活中，要知道如何保存茶叶，那么必须要先懂得茶叶会受到什么破坏，然后才能知道要如何保存，以避免这些事物对茶叶的损坏。

保存茶叶的方法

陶瓷坛储存法

陶瓷坛储存法就是用陶瓷坛储存茶叶，用以保持茶叶的鲜嫩，防止变质。

茶叶在放入陶瓷坛之前要用牛皮纸分别包好，分置在坛的四周，在坛中间摆放一个石灰袋，再在上面放茶叶包，等茶叶装满后，再用棉花盖紧。石灰可以吸收湿气，能使茶叶保持干燥不受潮，储存的效果很好，茶叶的保质时间可以延长。陶瓷坛储存方法特别适合一些名贵茶叶，尤其是龙井、大方这些上等茶。

铁罐在质地上没有什么区别，造型却很丰富。方的、圆的、高的、矮的、多彩的、单色的，而且在茶叶罐上还有丰富的绘画，大多都是跟茶相关的绘画。

在用铁罐储存前，首先要检查一下罐身与罐盖的密封度，如果漏气则不可以使用。如果铁罐没有问题，可以将干燥的茶叶装入，并将铁罐密封严实。铁罐储存法方便实用，适合平时家庭使用，但是却不适宜长期储存。

低温储存法是指将茶叶放置在低温环境中，用以保持茶叶的鲜嫩，防止变质。

低温储存法，一般都是将茶叶罐或者茶叶袋放在冰箱的冷藏室中，温度调为5℃左右为最适宜的温度。在这个温度下，茶叶可以保持很好的新鲜度，一般都可以保存一年以上。

食品袋储存法是指用食品塑料袋储存茶叶的方法。

先准备一些洁净没有异味的白纸、牛皮纸和没有空隙的塑料袋。用白纸将茶叶包好，再包上一张牛皮纸，接着装入塑料食品袋中，然后用手轻轻挤压，将袋中的空气排出，用细绳子将袋口捆紧，然后再将另一只塑料食品袋套在第一只袋外面，用和第一个袋子同样的方法将空气挤出，再用细绳子把袋口扎紧。然后将茶包放入干燥无味、密闭性好的铁筒中。

玻璃瓶储存法是将茶叶存放在玻璃瓶中，以保持茶叶的鲜嫩，防止茶叶变质。这种方法很常见，一般家庭中经常采用这种方法，既简单又实用。

玻璃瓶要选择有色、清洁、干燥的。玻璃瓶准备好后，将干茶叶装入瓶子，至七八成满即可，然后用一团干净无味的纸团塞紧瓶口，再将瓶口拧紧。如果能用蜡或者玻璃膏封住瓶口，储存效果会更好。

保存茶叶的禁忌事项

忌阳光照射

在保存茶叶时，一定要注意避光保存，因为阳光使茶叶中的叶绿素物质氧化，从而使茶叶的绿色减退而变成棕黄色。阳光直射茶叶还会使茶叶中的有些芳香物质氧化，会使茶叶产生"日晒味"，茶叶的香味自然也会受到影响，严重的还会导致茶叶变质。

在保存茶叶时，要选择阴凉避光的地方，重要的是不要将茶叶氧化，氧化的茶叶会使茶叶变质更快，保质期缩短。

忌接触异味

茶叶在保管时，一定注意不能接触异味，茶叶如果接触异味，不仅会影响茶叶的味道，也会加速茶叶的变质。茶叶在包装时，就要保证严格按照卫生标准执行，确保在采摘、加工、储存的过程中没有异味污染，如果在前期有异味污染，那么后期保存无论多么注意，茶叶依然会变质很快。

忌高温保存

茶叶在保存时，一定要保持合适的低温环境，才能使茶叶的香味持久不变，如温度过高会使茶叶变质。

温度是茶叶保存中一个很重要的因素，茶叶内含成分的化学变化随着温度的升高而变化。经过实验证明，随着温度的升高，茶叶内含化学物质变化速度加快，茶叶的品质也会随之变化，茶叶变质的速度也就会变快，对茶叶的保存很不利。

茶叶在储存时一定要注意干燥，不要使茶叶受潮。茶叶中的水分是茶叶内的各种成分生化反应必需的媒介，茶叶的含水量增加，茶叶的变化速度也会加快，色泽会随之逐渐变黄，茶叶滋味和鲜爽度也会跟着减弱。如果茶叶的含水量达到10%，茶叶就会加快霉变速度。

茶叶在保存时，一定要保持环境的相对湿度要低，这是茶叶保持干燥的一个条件。如果保存环境潮湿不堪，那么即使在包装时茶叶的含水量达标，也会使茶叶变质。在储存前，可以先检查一下干燥度，抓一点茶叶用手指轻轻搓捻，如果茶叶能立刻变成粉末，那么就表示比较干燥可以储存。

茶叶若长时间暴露在外面，空气中的氧气会促进茶叶中的化学成分如茶多酚、脂类、维生素C等物质氧化，会使茶叶加速变质。茶叶在包装保管的容器中氧气含量应控制在0.1%，也就是说要基本上没有氧气，这样就能很好地保持茶叶的新鲜状态。此外，暴露在外的茶叶也更易于接触到空气中的水分，从而不再干燥，吸湿还潮，降低茶叶原有的质量。

茶与健康

茶为药用，在我国已有2700年的历史，《神农本草》《茶谱》等书中对其药用价值有详细的记载。随着科技的发展，茶的保健作用得到了进一步的发掘。坚持饮茶，能促进内脏器官的健康及身体排毒，令人精神焕发。

茶叶的主要营养成分

茶多酚

茶多酚不是一种物质，而是三十多种酚类物质的总称，包括儿茶素、黄酮类、花青素和酚酸等，具有抗氧化、抗菌、抗突变、抗癌、降低血压、防止动脉粥样硬化及心血管病等作用。茶多酚的含量占茶叶干物质总量的20%～41%，在茶多酚总量中，儿茶素约占70%，它是决定茶叶色、香、味的重要成分。

茶氨酸

茶氨酸是茶叶中特有的氨基酸，是形成茶汤鲜爽度的重要成分，让茶汤具有润甜的口感和生津的作用，具有降血压、镇静、提高记忆力、减轻焦虑等作用。在新茶中，茶氨酸的含量约占1%～2%，随茶叶发酵过程而减少。

维生素

茶叶中含有丰富的维生素，其中维生素A和维生素C的含量较多，前者具有预防夜盲症、干眼症、白内障及维持上皮组织健康、抗癌的作用，后者具有抗氧化、抗衰老、防治坏血症和贫血、增强免疫力、预防流感、抗癌等作用。

生物碱

茶叶中的生物碱包括咖啡因、可可碱和茶碱。其中，咖啡因的含量最高，约占茶叶干物质总量的2%~5%，它易溶于水，是形成茶叶滋味的重要物质，也是衡量茶品质优劣的指标之一，具有提神、利尿、促进血液循环、帮助消化等作用。

茶多糖

茶多糖是一种酸性糖蛋白，并结合有大量的矿物质元素，具有降血糖、降血脂、降血压、增强免疫力、增加冠脉流量、抗血栓等作用，近些年来发现茶多糖还具有辅助治疗糖尿病的功效。从原料的老嫩来看，老叶的茶多糖含量比嫩叶多。

矿物质

茶叶中含有二十多种矿物质元素，包括氟、钙、磷、钾、硫、镁、锰、锌、硒、锗等。其中，氟对预防龋齿有明显的作用；硒对抗肿瘤有积极的作用；钾有维持心脏健康的作用；锰与骨骼代谢、生殖功能和心血管健康有关；锌有助于促进伤口愈合。

选择适合自己的茶

不同的茶有不同的特性，每个人的体质也各不相同，不同的时间、地点和环境条件也都会影响人与茶之间的关系。

根据气候和季节选茶

春饮花茶：春天，雪化冰消，风和日暖，万物复苏。此时，以饮香馥浓郁的茉莉花茶为好，既可以散发冬天积聚在体内的寒邪，又可以促使人体内阳气生发，使

"精""气""神"为之一振，对健康大有裨益。

夏饮绿茶：夏季，气候炎热，盛暑逼人，人体的津液大量耗损。此时，以饮用性味苦寒的绿茶为宜，此茶冲泡后水色清冽，清汤绿叶，幽香四溢，给人以清凉之感。夏季饮用，具有清热解暑、解毒止渴的作用，用以消暑解热。

秋饮青茶、混合茶：秋季，天气凉爽，风霜高洁，气候干燥，余热未消。此时，以饮用乌龙茶一类的青茶为好，此茶性味介于红、绿之间，不寒不热，能消除余热。在秋季，还可以红、绿茶混用，取其两种功效；也可绿茶和花茶混用，以取绿茶清热解暑之功、花茶化痰开窍之效。

冬饮红茶：冬季，北风凛冽，寒气袭人，人体阳气易损。此时，以选用味甘性温的红茶为好，以温育人体的阳气，尤其适用于妇女。红茶红叶红汤，给人以温暖的感觉；红茶可加奶及糖，故有生热暖胃之功效；红茶有助消化、去油腻之功效，于冬季进补肥腻时有利。

🍃 根据食物结构选茶

我国西藏、内蒙等地，长年以肉食和奶制品为主，饮食中缺少新鲜蔬菜，日常饮用砖茶，可以补充身体所需的维生素。英国等西方国家有喝奶茶的传统习惯，在所有茶类中，红茶加奶后无论外观品质还是香气滋味都比较协调。

🍃 根据人的身体状况选茶

不同体质的人适合饮用不同的茶。阳虚体质忌寒凉，可饮用暖胃、暖身的温性茶，如黑茶、乌龙茶。阴虚体质多感到热渴、干燥，需要多补充水滋润，适宜饮用清爽淡雅的黄茶和白茶。气虚体质易感到无力虚汗、疲劳乏力，适宜食用益脾胃的食物，温和性的茶品较为适宜。

品茶时的几点须知

空腹时不宜喝茶

我国自古就有"不饮空心茶"之说。茶叶大多属于寒性，空腹喝茶，会使脾胃感觉凉，产生肠胃痉挛，而且茶叶中的咖啡因会刺激心脏，如果空腹喝茶，对心脏的刺激作用更大，因此心脏病患者尤其不能空腹喝茶。喝茶是为了吸收茶叶中的营养元素，如果因为空腹喝茶而使身体机能造成损伤，就失去了喝茶的意义，因此不要空腹喝茶。

喝茶不宜过量

喝茶过量，茶叶中的咖啡因等在体内堆积过多，容易损害神经系统；茶叶中所含的利尿成分会对肾脏器官造成很大压力，影响肾功能；受茶叶中的兴奋物质影响，使人处于高度亢奋状态，影响睡眠。

一般来说，健康的成年人，若平时有饮茶的习惯，一日饮茶6～10克，分两三次冲泡较适宜。吃油腻食物较多、烟酒量大的人，可适当增加茶叶用量。

隔夜茶不能喝

从营养的角度来看，隔夜茶因为时间过久，茶中的维生素C已丧失，茶多酚也已经氧化减少；从卫生的角度来看，茶汤暴露在空气中，易被微生物污染，且含有较多的有害物质，放久了易滋生腐败性微生物，使茶汤发馊变质。尽管隔夜茶没有太大的害处，但一般情况下人们还是随泡随饮的好。

第二章

领略中国茶艺精髓

博大精深的中国茶文化，

论其精髓，无不体现在经典的茶艺及茶道上。

从选、沏、赏到闻、饮、品，皆有讲究，

从茶具的选择、茶叶的投放量到水温的把握，皆是学问！

沏一壶好茶的必备器皿

古人云，工欲善其事，必先利其器。可见，对于讲求感悟茶中细微之处与烹饮之妙的品茶人来说，得心应手的器具有多么的重要。

茶壶

茶壶在唐代以前就有了。唐代人把茶壶称"注子"，其意是指从壶嘴里往外倒水。茶壶为主要的泡茶容器，茶壶主要是用来实现茶叶与水的融合，茶汤再由壶嘴倾倒而出。按质地分，茶壶一般以陶壶为主，此外还有瓷壶、银壶、石壶等。

茶杯

茶杯是用于品尝茶汤的杯子。可因茶叶的品种不同，而选用不同的杯子。作为盛茶用具，茶杯一般有品茗杯、闻香杯、公道杯3种。

茶漏

茶漏用于置茶时放在壶口上，以导茶入壶，防止茶叶掉落壶外。

茶盘

盛放茶壶、茶杯的器具，当水从壶中溢出，或为了保温而用热水淋壶时，可将水接住。茶盘的选材广泛，金、木、竹、陶、石皆可取，以金属茶盘最为简便耐用，以竹制茶盘最为清雅相宜。

茶则

茶则为盛茶入壶的用具，可以作为度量茶叶的利器，以保证注入适量茶叶。一般为竹制，用来绝"恶"味，以求茶的洁净、仙灵。

茶夹

茶夹又称茶筷，其功用与茶匙类似，可用于将茶渣从壶中夹出，也常有人用来夹着茶杯，加以洗杯，既防烫又卫生。

茶荷

茶荷的功用与茶则类似，主要用来将茶叶由茶罐移至茶壶。茶荷主要为竹制和瓷制，既实用又可当艺术品。

茶匙

因其形状像汤匙，所以称茶匙，用于挖取泡过的茶壶内茶叶。茶叶冲泡过后，往往会塞满茶壶，加上一般茶壶的口都不大，用手挖出茶叶既不方便也不卫生，故可使用茶匙。

茶针

茶针的功用是疏通茶壶的内网（蜂巢），以保持水流畅通。

茶筒

它是用来盛装茶则、茶匙、茶夹、茶漏、茶针的茶器筒。

029

茶具常识知多少

"器为茶之父"，选对茶具，可以提高茶叶的色、香、味，有利于茶性的发挥。同时，一件精美的茶具，本身就具有一定的欣赏价值和艺术价值。

不同材质的茶具

 陶土茶具

陶器茶具中享有海内外名声的是宜兴紫砂茶具，采用宜兴地区独有的紫泥、红泥、团山泥抟制焙烧而成，表里均不施釉。宜兴紫砂茶壶出现于北宋初期，明、清时大为盛行。用紫砂茶具泡茶有诸多好处，首先它有气孔，可汲附茶汁，蕴蓄茶味，且传热不快，不致烫手。其次，用紫砂壶泡茶，既不夺其真香，又无熟汤气，能保持茶的色、香、味，若热天盛茶，不易酸馊，即使冷热剧变，也不会破裂，甚至还可直接放在炉火上煨炖。同时，紫砂茶具色泽典雅古朴，造型复杂多变，有似竹节、莲藕、松段和仿商周古铜器形状的，具有极高的艺术性。

 瓷器茶具

瓷器具有较好的热稳定性和化学稳定性，因此，瓷器茶具有保温适中、传热速度慢等特点，茶汤不会与瓷器发生化学变化，因而可以保持茶叶固有的色、香、味。瓷器茶具按釉色分为白瓷茶具、青瓷茶具、黑瓷茶具。

白瓷茶具：白瓷茶具产地较多，有江西景德镇、湖南醴陵、福建德化、四川大邑、河北唐山等，其中以江西景德镇的白瓷茶具最为著名，也最为普及。北宋时，景德窑生产的瓷器，质薄光润，白里泛青，雅致悦目，并有影青刻花、印花和褐点点彩装饰。元代的青花瓷茶具更是远销海外。今天的景德镇白瓷青花茶具，在继承传统工艺的基础上，又开发创制出众多新品种。

　　青瓷茶具：青瓷茶具主要产于浙江、四川等地。晋代，浙江的越窑、婺窑、瓯窑已具相当规模。宋代，浙江龙泉生产的青瓷茶具，已达到鼎盛时期，远销各地。龙泉青瓷造型古朴挺健、釉色翠青如玉，制陶艺人兄弟章生一、章生二的"哥窑"、"弟窑"产品具有极高的造诣，其中"哥窑"被列为"五大名窑"之一。

　　黑瓷茶具：黑瓷茶具产于浙江、四川、福建等地，其兴起得益于宋代"斗茶"之风盛行。由于黑瓷茶盏瓷质厚重，保温性好，非常适合用来斗茶，其中以建窑生产的"建盏"最为人称道，它在烧制过程中釉面会出现兔毫条纹、鹧鸪斑点、日曜斑点，茶汤入盏后，能放射出五彩纷呈的点点光辉。

🍃 玻璃茶具

　　玻璃茶具素以质地透明、光泽夺目、外形可塑性大、形态各异、价廉物美等特点受到人们的青睐，如今用钢化玻璃加工而成的茶具，弥补了传统玻璃易碎、易受热炸裂等不足。玻璃茶杯或茶壶尤其适合冲泡各类名优茶，便于观察茶汤色泽，以及叶芽上下浮动、舒展之态，饱览泡茶的动态之美。但玻璃茶具传热快、不透气、保温性能差，因此易烫手，茶香容易散失，不适合作为一般的品茗器具。

🍃 漆器茶具

　　漆器茶具始于清代，主要有北京雕漆茶具、福州脱胎漆器茶具，以及江西宜春、鄱阳等地生产的脱胎漆器等，均具有独特的艺术魅力。福州生产的漆器茶具多姿多彩，有"宝砂闪光""金丝玛瑙""釉变金丝""仿古瓷""雕填""高雕"和"嵌白银"等品种，特别是开创 了红如宝石的"赤金砂"和"暗花"等新工艺以后，更加艳丽夺目，逗人喜爱。漆器茶具有轻巧美观、色泽光亮、耐温、耐酸等特点，并有很高的艺术欣赏价值。

金属茶具

金属茶具古已有之，一般用金、银、铜、锡等金属制作而成。如明朝张谦德所著《续茶经》，就把瓷茶壶列为上等，金、银壶列为次等，铜、锡壶则属下等。但是用锡做的储茶器，则具有很多优点。锡罐绝无异味，多制成小口长颈，其盖为圆桶状，密封性较好，其保鲜功能优于各类材质的储茶器，是储存高档茶的最佳选择。

竹木茶具

隋唐以前的饮茶器具，除陶瓷器外，民间多用竹木制作而成。陆羽在《茶经·四之器》中开列的28种茶具，多数是用竹木制作的。竹木茶具价廉物美，经济实惠，但现代已很少使用，其缺点是不能长时间使用，无法长久保存，但在海南等地还有用椰壳制作的壶、碗来泡茶的。

玉石茶具

玉石茶具历来被称为"茶具至尊"，具有很高的使用价值与观赏价值。从明代开始，由于散茶的流行，茶壶的需求迅速增加，人们也开始追求更高层次的艺术价值，他们把茶壶和玉石结合到一起，以天然生成的玉石材料精雕细刻，制成茶壶，它的造型美观、玲珑剔透，惹人喜爱。

茶具的挑选

茶具的优劣，对茶汤的质量和品饮者的心情都会产生直接影响。究竟如何选择茶具，要根据各地的饮茶习惯、饮茶者的审美情趣，以及品饮的茶类和环境而定。

根据地域特点选择茶具

我国东北、华北一带多用较大的瓷壶泡茶，斟入瓷碗饮用；江苏、浙江一带多用紫砂壶泡茶，或用有盖瓷杯直接泡饮；四川一带喜用瓷制的"盖碗杯"饮茶；广东潮汕使用成套的工夫茶具。

根据个人喜好选择茶具

用紫砂茶具泡茶，可提升茶的品质，味道醇和，汤色澄清，无陈杂味，天热也不易变质。但由于每次冲泡以后，紫砂壶里的气孔会留着茶的气味，因此最好一茶一壶，不宜混用。用瓷器茶具泡茶可体现茶的"本真"，便于品赏茶的原香、原味，每次冲泡后不留余味，只需清洗干净即可冲泡其他茶类。

茶具与茶叶的搭配

茶叶种类	适合的茶具
绿茶	透明玻璃杯，或白瓷、青瓷、青花瓷无盖杯
红茶	以白瓷茶具为佳
乌龙茶	紫砂壶，或白瓷盖碗
黄茶	透明玻璃杯，或白瓷盖碗
白茶	透明玻璃茶具，或白瓷盖碗、紫砂壶
黑茶	紫砂壶、瓷器茶具
花茶	透明玻璃茶壶、茶杯，或白瓷盖碗

茶壶的选购技巧

◎ 质地

将壶置于手掌上，轻拨壶盖，听其声音。若铿锵清脆，表示壶质地好；若音响迟钝，劲道不足，或音高尖锐，说明质地欠佳。

◎ 紧密度

检查壶盖与壶身的紧密程度，密合度越高越好。用紧密度高的壶泡茶才能将茶香凝聚，保持茶原有的香味。

◎ 出水

倾壶倒水，能使壶内滴水不存，断水时，不会有残水沿着壶嘴外壁往下滑，用这样的茶壶泡茶时，茶水才不会到处滴落。

◎ 壶味

嗅一嗅新壶中的气味，可略带瓦味，但若带有火烧味、油味、染色剂的味道等，则不宜选购。

◎ 重心

重心决定了茶壶是否好提。注满水时，握住并提起壶把，若觉得重心适中，壶把的粗细和形状不碍手，握之不费力，便是一把好壶。若需用力紧握，则重心不佳。

茶具的摆放

摆放原则1：方便

将备水器设置在左手边，是希望以右手拿茶壶，以左手拿水壶，双手分工合作。若嫌左手力量不够，也可将水壶等也放在右手边，为了使左右手平衡，可将某些辅泡区的用具改放在左手边。如果是惯用左手的人，可将物品的方向全部对调过来。

如果不喜欢操作台过于凌乱，可选择有内柜的茶桌，将茶罐、备用茶具等物品收纳于内柜中，或者在茶桌旁边准备一个侧柜，将暂时不用的茶具放置于侧柜中，让桌面显得更清爽。还可准备一件如"茶巾盘"的盘状物将辅泡区的用具收纳起来。

摆放原则3：美感

摆放茶具要有美感，无论是主泡区本身，还是主泡区与辅泡区、备水区、储茶区的相关位置，都要视为一幅画、一件雕塑作品或是一出戏在舞台上演出的情形加以布置与规划，务必使之看起来和谐又美观。

备水区
放置提供泡茶用水的器具，如煮水器、热水瓶等

辅泡区
放置辅助泡茶的用具，如茶巾、茶荷、茶匙等

储茶区
放置存放茶叶的罐子

主泡区
放置主要的泡茶用具，如茶盘、茶壶、茶杯、公道杯、过滤网和滤网架、水盂等

泡茶时，主泡区在自己的正前方，辅泡区在右手边，备水区在左手边，储茶区一般在茶桌的内柜或茶桌旁的侧柜内。

紫砂壶的文化

 宜兴紫砂壶

紫砂壶就是紫砂做的壶。紫砂，一种特殊的陶土，原产地在江苏宜兴。紫砂壶是一种实用性和艺术性高度结合的器物，被誉为茶具之首，雅玩之首。

宜兴，除了作为中国陶都享誉世界外，也是著名的教授之乡、书画之乡。浓厚的历史人文底蕴和得天独厚的紫砂矿产，共同孕育出了紫砂壶。宜兴是紫砂文化的发源地，也集中着最多的紫砂工艺人才和最优质的紫砂矿。宜兴紫砂不仅是一种地方传统手工艺，更是中国文化的集大成者和杰出代表。紫砂文化在宜兴的产生和发展，是与宜兴得天独厚的地理优势，悠久的制陶、茶业和书画历史以及当地崇尚教育的人文传统分不开的。

在紫砂壶上作文绘画，甚至直接参与紫砂壶的创作，是历代文人雅士的喜好，因此，把紫砂壶称为雅玩之首，一点也不为过。正所谓，茶具之首紫砂壶，自古雅士第一玩。

 鉴赏紫砂壶

紫砂壶的鉴赏需要基本的美学修养和人文修养。一件优秀的紫砂壶作品，从泥料的选择、壶型的创作、装饰的工艺等等方面，都要经得起推敲和回味，既要有整体上的精气神，又要有细微处的巧心思。玩壶、藏壶一定要融入相应的圈子，进对圈子跟对人是非常关键的。

 分辨真假紫砂壶

真假紫砂的根本区别在于"砂"。假紫砂的基本工艺是用普通陶土加着色剂调配，有

的也会加进一些粗细不一的颗粒来模仿表面的"砂质感"。由于假紫砂不含真正的砂，也就不具备紫砂的多孔特性，最终表现在紫砂壶上，就是壶身表面的吸水率非常差。此外，真假紫砂在视觉、听觉、嗅觉、触觉等方面也会有所区别。

🍃 紫砂壶的价格

一把紫砂壶的价格通常由三部分构成：一是壶本身的价值，这是相对客观的，由泥料的稀缺程度、做工的难易程度以及烧成的成色等决定；二是作者"名"的价值，这主要是由作者及其圈子决定的；三是购买者的主观偏好，这部分溢价是由购买者自身决定的。因此，紫砂壶的价格评估虽然复杂，但也并非无章可循。

🍃 紫砂十字诀

紫砂十字诀：矿泥坯器品，料工型饰用。这十个字是资深紫砂藏家、雅玩之家吴昊先生总结的，以帮助紫砂爱好者理清思路，特别是刚接触紫砂的新手，可从这十个字开始了解紫砂。

矿泥坯器品，这五个字讲的是一把壶从无到有的五个阶段。从山上的矿开始，加工成泥料，然后用泥料做成生坯，然后放到窑里烧成，最后在使用者的手上养成。这五个阶段每个阶段都很重要，都是形成和增加价值的环节。

料工型饰用，这五个字讲的是如何去欣赏、鉴定和评估一把壶及其价值。"料"和"工"是最基本的，和其他工艺品、艺术品的情况是类似的。"型"指紫砂壶的款式。"饰"指各种装饰，最多见的有陶刻、泥绘、绞泥等。"用"指壶的功用，基于壶的用处，对壶有不同的要求，比如用来泡茶的壶，要讲究适茶性，适合冲泡某种茶。

好茶还需好水沏

"水为茶之母"，茶叶的色、香、味都要通过水的溶解才能得以体现，水的优劣直接影响茶汤的质量。

择水的标准

明代许次纾在《茶疏》中说："精茗蕴香，借水而发，无水不可与论茶也。"对于爱好喝茶的人来说，不同的水冲泡出来的茶，味道是不同的，早在唐代，陆羽《茶经》"五之煮"中就总结了煮茶用水的经验，"其水，用山水上，江水中，井水下"。尽管地域环境、个人喜恶的差别造成泡茶用水的择水标准不一，但对水品"清""轻""甘""洌""鲜""活"的要求都是一致的。

水质要清洁

清水应无色透明，无杂质，无沉淀物，用这样的水泡茶才能显出茶的本色。明代的田艺衡论水的"清"，说"朗也，静也"，将"清明不淆"的水称作"灵水"。

水中空气含量高

水中空气含量高有利于茶香挥发，而且口感上活性强。泡茶的水不可煮老，因为煮久了空气含量会降低。唐代茶圣陆羽认为，"二沸"水，即"边缘如涌泉连珠"的水泡茶最佳，"三沸"即"腾波鼓浪"之后仍继续煮的水则不宜用来泡茶。

水体要轻

轻水也就是软水，其矿物质含量适中。硬水中溶解的矿物质过多（尤其是铁、铝、钙含量过多），会导致茶汤偏暗、香气不显、口感或寡淡或苦涩。

水味要甘

明代屠隆认为"凡水泉不甘，能损茶味"。所谓水甘，即一入口，舌尖顷刻便会有甜滋滋的感觉，咽下去后喉中也有甜爽的回味。用这样的水泡茶自然会增添茶之美味。

水要清凉

寒冽之水多出于地层深处的泉脉之中，所受污染少，泡出的茶汤滋味纯正。古人还认为水"不寒则烦躁，而味必啬"，"啬"就是"涩"的意思。

泡茶用水的来源

 泉水

在天然水中，泉水是比较清爽的，杂质少，透明度高，污染少，水质最好。但是由于水源和流经途径不同，其溶解物钙、镁含量与硬度等均有很大差异。因此，并不是所有泉水都是优质的，所以在选择泉水泡茶时一定要了解清楚。

 江水

溪水、江水与河水等常年流动之水，用来沏茶也并不逊色。宋代诗人杨万里曾写诗描绘船家用江水泡茶的情景，诗云："自汲淞江桥下水，垂虹亭上试新茶。"但是现今有许多江水、溪水被污染不能直接饮用，需净化处理后才可使用。

井水

井水属地下水，是否适宜泡茶，不可一概而论。有些井水，水质甘美，是泡茶好水，如北京故宫博物院文华殿东传心殿内的大庖井，曾经是皇宫里的重要饮水来源。一般来说，浅层井水不适宜饮用，深层井水有表面水层的保护，污染少，非常适宜饮用。

雨水、雪水

雨水和雪水被古人誉为"天泉"。用雪水泡茶，一向被人重视。如唐代大诗人白居易《晚起》诗中的"融雪煎香茗"，元代诗人谢宗可《雪煎茶》诗中的"夜扫寒英煮绿尘"，都是描写用雪水泡茶。

自来水

自来水，是指将天然水通过自来水处理净化、消毒后生产出的符合国家饮用水标准的水，以供人们生活、生产使用。家庭中可以直接将自来水用于洗涤，但是饮用时一般都要煮沸。

自来水的来源主要是江河湖泊和地下水，水厂用取水泵将这些水吸取过来，将其沉淀、消毒、过滤等，使这些天然水达到国家饮用水标准，然后通过配水泵站输送到各个用户。凡达到我国卫生部制定的饮用水卫生标准的自来水，都适于泡茶。但有时自来水中用过量氧化物消毒，气味很重，用之泡茶，严重影响品质。

备注： 现在，大多数人都生活在现代化的大都市中，因此，矿泉水、纯净水及家里的自来水就成了现代人泡茶的主要用水。由于自来水中含有用来消毒的氯气和许多矿物质，会影响茶汤的口感，所以建议使用矿泉水、纯净水和过滤水来冲泡茶叶。

泡一壶好茶的关键

　　虽然人人都能泡茶、喝茶，但要真正泡好茶、喝好茶却并非易事。泡茶时涉及茶、水、茶具、时间、环境等因素，把握这些因素之间的关系是泡好茶的关键。

一壶茶放多少茶叶

　　小壶茶的置茶依茶叶外形松紧而定：非常蓬松的茶，如青茶、瓜片、粗大型的碧螺春等，放七八分满；较紧结的茶，如揉成球状的乌龙茶、条形肥大且带绒毛的白毫银针、纤细蓬松的绿茶等，放1/4壶；非常密实的茶，如剑片状的龙井、煎茶，针状的工夫红茶、玉露、眉茶，球状的珠茶，碎角状的细碎茶叶，切碎熏花的香片等，放1/5壶。

如何计算浸泡的时间

　　浸泡的时间是随"置茶量"而定，茶叶放得多，浸泡的时间要短；茶叶放得少，时间就要拉长。可以冲泡的次数也跟着变化，浸泡的时间短，可以多泡几次；浸泡的时间长，可以冲泡的次数适当减少。

　　依上述"置茶量"，第一道大约浸泡一分钟可以得出适当的浓度，第二道以后要看茶舒展状况与品质特性增减时间，以下是几项考虑的因素：

（1）揉捻成卷曲状的茶，第二道、第三道才完全舒展开来，所以第二道浸泡时间往往需要缩短，第三道以后才逐渐增加浸泡的时间。

（2）揉捻轻、发酵少的茶可溶物释出速度较快，所以第三道以后浓度释放已趋缓慢，必须加长时间。

（3）重萎凋、轻发酵的白茶类，如白毫银针、白牡丹，可溶物释出缓慢，浸泡时间应更长。碎茶叶可溶物释出很快，前面数道时间宜短，往后各道的时间可适量拉长。

（4）重焙火茶可溶物释出的速度较同类型茶之轻焙火者快，故前面数道时间宜短，往后愈多道则冲泡时间愈长。

用什么温度的水泡茶

冲泡不同类型的茶需要不同的水温：

泡茶水温	适宜冲泡的茶类
高温（90～100℃）	◇乌龙茶，如铁观音、冻顶乌龙、水仙、佛手等 ◇重揉捻、条索接近球状的茶 ◇重焙火，色泽较黑、较暗的茶 ◇陈年茶、老茶
中温（80～90℃）	◇轻发酵、焙火不重的茶，如文山包种茶 ◇芽茶类，如白毫乌龙、高级红茶等 ◇熏花茶、花茶，如茉莉香片、玫瑰花茶等 ◇碎叶茶，如红碎茶等
低温（70～80℃）	◇绿茶类，如龙井、碧螺春等

第三章

清幽雅致的绿茶

绿茶是饮用最为广泛的一种茶,

此外,中国是世界主要的绿茶产地之一。

绿茶香气清幽,汤色碧绿清澈,

给人一种清新的感觉。

绿茶在中国产量最大，位居六大初制茶之首，也是饮用最为广泛的一种茶。

认识绿茶

　　绿茶是指采取茶树新叶，未经发酵，经杀青、揉捻、干燥等典型工艺制成的茶叶。由于绿茶未经发酵，因此茶性新鲜自然，而且还保留了茶叶中的成分。

　　中国是世界主要的绿茶产地之一，其中以浙江、湖南、湖北、贵州等省份居多。名贵绿茶有西湖龙井、洞庭碧螺春、六安瓜片、信阳毛尖、千岛玉叶、南京雨花茶等。

　　绿茶，以汤色的碧绿清澈，茶汤中绿叶飘逸沉浮的姿态最为著名。

绿茶的分类

 炒青绿茶

采用炒制的方法干燥而成的绿茶称为炒青绿茶。此类绿茶汤清叶清，有锅炒的清香和熟栗香。由于受到机械或手工操力的作用，成茶可形成长条形、圆珠形、扇平形、针形、螺形等不同形状。

烘青绿茶

采用烘笼进行烘干而成的绿茶称为烘青绿茶，分为普通烘青和细嫩烘青两种。前者多用于制作窨花茶的茶坯；后者不乏名品，如黄山毛峰、太平猴魁、六安瓜片、敬亭绿雪等。

晒青绿茶

晒青绿茶是绿茶里较独特的品种，是将鲜叶在锅中炒杀青、揉捻后直接通过太阳光照射来干燥，有滇青、黔青、川青、粤青、桂青、湘青、陕青、豫青等品种，主要用作沱茶、紧茶、饼茶、方茶、康砖、茯砖等紧压茶的原料。

蒸青绿茶

通过高温蒸汽的方法将鲜叶杀青而制成的绿茶称为蒸青绿茶。蒸青绿茶的香气较闷，不及炒青绿茶那样鲜爽。代表茶有湖北恩施的玉露、当阳的仙人掌茶、江苏宜兴的阳羡茶等。日本茶道中所用的茶叶就是蒸青绿茶的一种——抹茶。

选购绿茶的窍门

看颜色： 凡色泽绿润，茶叶肥壮厚实，或有较多白毫者一般是春茶，也是上好的绿茶。

看外形： 扁形的绿茶以茶条扁平挺直、光滑、无黄点、无青绿叶梗者为佳；卷曲形或螺状的绿茶，以条索细紧、白毫或锋苗显露者为佳。

闻香气： 好的绿茶香气清新馥郁，且略带熟栗香。

绿茶茶艺展示

　　绿茶在所有茶类中形状最多，有的细如眉，有的圆如珠，有的扁如平。绿茶是未经发酵制成的茶，保留了鲜叶的天然物质，有自然清新的特质。瓷杯适于泡饮中高档绿茶，玻璃杯适于泡饮细嫩的名贵绿茶，便于欣赏茶的外形、内质；绿茶冲泡的水温为80～85℃，泡3～5分钟后即可。

扫一扫学茶艺

1.备具

准备好玻璃杯、茶荷、水盂、茶道组、水壶、茶巾、茶盘。

2.洁具

玻璃杯中倒入适量开水，旋转使玻璃杯壁均匀受热，弃水不用（可倒入水盂中）。

3.鉴茶

泡茶之前先请客人观赏干茶的茶形、色泽，还可以闻闻茶香。

4.置茶

用茶匙将少许茶叶轻缓拨入玻璃杯中。

5.温润泡

玻璃杯中倒入80~85℃的水，旋转玻璃杯，温润茶叶使茶叶均匀受热。

6.正式冲泡

玻璃杯中倒入80~85℃的水至七分满。

7.赏茶

观察茶叶变化及汤色。

8.闻香

品饮前，可闻香，绿茶香气清香优雅。

9.品茶

绿茶滋味香郁味醇，令人回味无穷。

品鉴绿茶

　　优质绿茶形态很美，泡开后的叶底富有观赏性。干茶在水中吸收水分，逐渐绽开，还原成饱满的芽叶。

　　绿茶多为绿色，有的鲜绿，有的嫩绿，有的翠绿，不仅干茶绿，连茶汤、叶底都是绿的。绿茶是茶多酚程度最轻的茶，所以优质绿茶茶汤的色泽是所有茶叶中最浅的，黄绿明亮。

　　此外，绿茶香气清幽，令人心旷神怡，给人带来一种清新的感觉。

 # 西湖龙井

产地：

浙江省杭州市西湖的狮峰、龙井、五云山、虎跑、梅家坞等地。

茶叶介绍

西湖龙井是我国十大名茶之一。西湖龙井因产于浙江省杭州市西湖山区的龙井茶区而得名。龙井茶区分布于"春夏秋冬皆好景，雨雪晴阴各显奇"的杭州西湖风景区，龙井既是地名，又是泉名和茶名，而龙井茶又有"形美、色绿、香郁、味甘"四绝之誉，因此又有"三名巧合，四绝俱佳"之誉。

杭州西湖湖畔的崇山峻岭中常年云雾缭绕，气候温和，雨量充沛，加上土壤结构疏松、土质肥沃，非常适合龙井茶的种植。龙井茶炒制时分"青锅""烩锅"两个工序，炒制手法很复杂，一般有抖、带、甩、挺、拓、扣、抓、压、磨、挤十大手法。

◎干茶

外形：挺直削尖，扁平挺秀，成朵匀齐，色泽翠绿。
气味：清香幽雅。
手感：细柔平滑。

◎茶汤

香气：清高持久，香馥若兰。
汤色：杏绿青碧，清澈明亮。
口感：香郁味醇、甘鲜醇和，品饮后令人齿颊留香、甘泽润喉，回味无穷。

◎叶底

嫩绿，匀齐成朵，芽芽直立，栩栩如生。

洞庭碧螺春

产地：

江苏省苏州市洞庭山。

茶叶介绍

碧螺春茶是中国十大名茶之一，属于绿茶。洞庭碧螺春产于江苏省苏州市洞庭山（今苏州吴中区），所以称作"洞庭碧螺春"。

洞庭碧螺春以形美、色艳、香浓、味醇闻名中外，具有"一茶之下，万茶之上"的美誉，盛名仅次于西湖龙井。

碧螺春一般分为7个等级，芽叶随级数越高，茸毛越少。只有细嫩的芽叶，巧夺天工的手艺，才能形成碧螺春色、香、味俱全的独特风格。

品赏碧螺春是一件颇有情趣的事。品饮时，先取茶叶放入透明玻璃杯中，以少许开水浸润茶叶，待茶叶舒展开后，再将杯斟满。一时间杯中犹如雪片纷飞，只见"白云翻滚，雪花飞舞"，观之赏心悦目，闻之清香袭人，令人爱不释手。

◎干茶

外形：芽白毫卷曲成螺，叶显青绿色，条索纤细，色泽碧绿。
气味：清香淡雅，带花果香。
手感：紧细，略有粗糙质感。

◎茶汤

香气：色淡香幽，鲜雅味醇。
汤色：碧绿清澈。
口感：鲜醇甘厚，鲜爽生津，入口香郁回甘。

◎叶底

叶底幼嫩，均匀明亮，翠芽微显。

茶叶小趣闻

碧螺春始于何时，名称由来，说法颇多。据清代《野史大观》（卷一）载："洞庭东山碧螺峰石壁，产野茶数株，土人称曰'吓煞人香'。康熙己卯……抚臣朱荦购此茶以进……以其名不雅驯，题之曰碧螺春。"

对于碧螺春之茶名由来，有两种说法：一种是康熙帝游览太湖时，品尝此茶后觉香味俱佳，因此取其色泽碧绿，卷曲似螺，春时采制，又得自洞庭碧螺峰等特点，钦赐此美名。另一种则是由一个动人的民间传说而来，说的是为纪念美丽善良的碧螺姑娘，而将其亲手种下的奇异茶树命名为碧螺春。

贮藏

传统碧螺春的贮藏方法是用纸包住茶叶，再与袋装块状石灰间隔放于缸中，进行密封处理。现在更多采用三层塑料保鲜袋包装，将碧螺春分层扎紧，隔绝空气；或用铝箔袋密封后放入10℃的冰箱里冷藏，长达一年，其色、香、味依然犹如新茶。

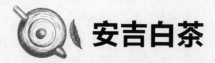 # 安吉白茶

产地：

浙江省安吉县。

茶叶介绍

安吉白茶虽然名为白茶，实为绿茶，因为它是按照绿茶的加工方法制作而成的。

安吉白茶是一种珍稀的变异茶种，属于"低温敏感型"茶叶。其色白，是因为其加工原料采自一种嫩叶全为白色的茶树。

茶树产"安吉白茶"的时间很短，通常仅一个月左右。以原产地浙江安吉为例，春季，因叶绿素缺失，在清明前萌发的嫩芽为白色。在谷雨前，色渐淡，多数呈玉白色。谷雨后至夏至前，逐渐转为白绿相间的花叶。至夏，芽叶恢复为全绿，与一般绿茶无异。正因为神奇的安吉白茶是在茶叶特定的白化期内采摘、加工和制作的，所以茶叶经浸泡后，其叶底也呈现玉白色，这是安吉白茶特有的性状。

◎ **干茶**

外形：略扁，挺直如针，芽头肥壮带茸毛。

气味：如"淡竹积雪"的奇逸之香。

手感：平滑软嫩。

◎ **茶汤**

香气：清香高扬。

汤色：清澈明亮，呈现玉白色。

口感：清润甘爽，鲜醇爽口，令人唇齿留香、甘味生津。

◎ **叶底**

嫩绿明亮，茶芽朵朵，叶脉绿色。

茶叶小趣闻

　　白茶的名字最早出现在唐朝陆羽的《茶经》中，其记载："永嘉县东三百里有白茶山。"北宋庆历（1041～1048年）年间："白叶茶，芽叶如纸，民间大重，以为茶瑞。"宋徽宗赵佶在《大观茶论》中说："白茶自为一种，与常茶不同。其条敷阐，其叶莹薄，林崖之间，偶然生出，虽非人力所致，有者不过四五家，生者不过一二株。"北宋皇帝在说了白茶可贵之后又说："芽英不多，尤难蒸焙，汤火一失，则已变为常品。"自有这个记载一直到明代的350多年中，没有再发现过白茶。因此，安吉白茶填补了历史记载的空白，弥足珍奇。

　　安吉最早于1930年在孝丰镇的马铃

冈发现野生白茶树数十棵，"枝头所抽之嫩叶色白如玉，焙后微黄，为当地金光寺庙产"，后不知所终。

　　1982年，在天荒坪镇大溪村横坑坞800米的高山上又发现一株百年以上白茶树，嫩叶纯白，仅主脉呈微绿色，很少结籽。当时县林科所的技术人员在4月4日剪取插穗繁育成功，至1996年已发展到1000亩，可以采制的只有200亩，年产干茶不足千斤。

贮藏

　　安吉白茶成品茶中的叶绿素、醛类、酯类、维生素C等易与空气中的氧结合，氧化后会使茶叶汤色变绿、变深，严重影响到安吉白茶汤色的美感，同时也会使得茶水的营养价值大大降低，所以要密封保存，防止安吉白茶茶叶变质。

 # 雁荡毛峰

◎干茶

外形：秀长紧结，色泽翠绿。

气味：茶香高雅而味极佳。

手感：壮结平滑。

产地：

浙江省乐清市雁荡山。

茶叶介绍

　　雁荡毛峰，又称雁荡云雾，旧称"雁茗"，雁山五珍之一，产于浙江省乐清市境内的雁荡山。这里山水奇秀，天开图画，是中国名山之一。

　　雁荡毛峰为雁荡地区著名的高山云雾茶，明代即列为贡茶，佳茗之声名闻遐迩。

　　雁荡毛峰是在清明、谷雨间采摘，鲜叶标准为一芽一叶至一芽二叶初展。采回后，先经摊放，再在平锅内用双手杀青，投叶量约0.5千克，当锅中有水汽蒸腾时，一人从旁用扇子扇去。杀青至适度后，移入大圆匾中轻轻搓揉，然后初烘，初烘叶要经过摊凉，最后复烘干燥。烘干后，去除片末，及时装箱密封，以免走气失色。成品外形秀长紧结，茶质细嫩，色泽翠绿，芽毫隐藏是为上品。

◎茶汤

香气：高雅、浓郁。

汤色：浅绿明净。

口感：滋味甘醇、异香满口。

◎叶底

嫩匀成朵，芽叶朵朵相连。

茶叶小趣闻

据传，雁荡毛峰最早的时候又称"猴茶"，猴茶的意思就是猴子在悬崖峭壁上采得的茶叶，一般而言人难以攀登行走的悬崖峭壁上长出的茶叶，品质常常是十分优异的，雁荡山悬岩似柱，峻峰如锥，正是产好茶的地方。在《清稗类钞》中曾记载了这样一个有趣的传说："温州雁荡崖有猴茶，有猴每至晚春，辄采高山茶叶，以遣山僧，盖僧常于冬时知猴之无所得食，以小袋米投之，猴之遣茶，所以为答也。"

此外，史料记载：雁荡毛峰古称"雁茗"，相传在晋代由高僧诺讵那传来。北宋时期，科学家沈括几次考察雁荡，雁茗之名开始传播四方。明代，雁茗列为贡品，并被列为"雁山五珍"之一。据朱谏的《雁山志》记载："浙东多茶品，而雁山者称最。"

清代光绪年间，雁茗名声更胜。据《瓯江逸志》载"瓯地茶，雁山为第一"，可见雁茗在当时的地位。

贮藏

日常饮用的雁荡毛峰茶，一定要保存在密封、干燥、低温的环境中，才不会变质。

可用干燥箱或陶罐存放茶叶。罐内底部放置双层棉纸，罐口放置二层棉布而后压上盖子。此外还可用有双层盖子的罐子贮存，以纸罐较好。

 # 普陀佛茶

产地：

浙江省的普陀山。

茶叶介绍

　　普陀佛茶又被称为普陀山云雾茶，是中国绿茶类古茶品种之一，产于中国浙江普陀山。

　　普陀山冬暖夏凉，四季湿润，土地肥沃，茶树大都分布在山峰向阳面和山坳避风的地方，为茶树的生长提供了十分优越的自然环境。

　　普陀佛茶外形"似螺非螺，似眉非眉"，色泽翠绿披毫，香气馥郁芬芳，汤色嫩绿明亮，味道清醇爽口，又因其似圆非圆的外形略像蝌蚪，故亦称"凤尾茶"。

◎干茶

外形：紧细卷曲，绿润显毫。
气味：清香馥郁。
手感：柔软，有茸毛感。

◎茶汤

香气：清香高雅。
汤色：黄绿明亮。
口感：鲜美浓郁。

◎叶底

芽叶成朵。

茶叶小趣闻

历史上普陀所产茶叶属晒青茶，称"佛茶"，又名"普陀山云雾茶"，普陀佛茶历史悠久，约始于唐代，其时佛教正在中国兴盛起来。寺院提倡僧人种茶、制茶，并以茶供佛。僧侣围坐品饮清茶，谈论佛经，客来敬茶，并以茶酬谢施主。

清康熙、雍正年间，始少量供应朝山香客。清末，由于轮渡通航，香客及游览者大增，从而促进了佛茶的发展。

据《普陀洛迦志》记载："在清光绪间列为贡品。"曾在1915年巴拿马国际食品博览会上获"二等奖"。后经当地山僧和居民精心培植，佛茶以其独特的风味而更享盛名。

新中国成立后，茶园扩展较大，并建立了茶场。70年代末引进江苏碧螺春工艺，生产曲形茶，定名为"普陀佛茶"。

贮藏

日常饮用的普陀佛茶，一定要保存在密封、干燥、低温的环境中，才不会变质。可用有双层盖子的罐子贮存普陀佛茶，以纸罐较好。

六安瓜片

产地：

安徽省六安市。

茶叶介绍

六安瓜片是中国十大历史名茶之一，又称片茶，为绿茶特有茶类，是通过独特的传统加工工艺制成的形似瓜子的片形茶叶。

六安瓜片不仅外形别致，制作工序独特，采摘也非常精细，是茶中不可多得的精品，更是我国绿茶中唯一去梗、去芽的片茶。因其外形完整，光滑顺直，酷似葵花子，又因产自六安一带，故称"六安瓜片"。

六安瓜片冲泡后汤色一般是青汤透绿、清爽爽的，没有一点的浑浊。在谷雨前十天的茶草制作的新茶，泡后叶片颜色有淡青、青色的，不匀称。相近谷雨或谷雨后茶草制作的片茶，泡后叶片颜色一般是青色或深青的，而且匀称，茶汤相应也浓些，若时间稍候一会儿青绿色也深些。

◎ 干茶

外形： 叶缘向外翻卷，呈瓜子状，单片不带梗芽，色泽宝绿，起润有霜。

气味： 清香高爽，馥郁如兰。

手感： 纹路清晰，略粗糙。

◎ 茶汤

香气： 醇正甘甜，香气清高。

汤色： 嫩黄明净，清澈明亮。

口感： 鲜爽醇厚，清新幽雅。

◎ 叶底

嫩黄，厚实明亮。

茶叶小趣闻

六安瓜片历史悠久，文化内涵丰厚。六安茶始于秦汉，长于唐宋，盛于明清。早在唐代，陆羽的《茶经》就有"庐州六安（茶）"之称。明嘉靖三十六年（1557年）武夷茶罢贡后"齐山云雾"成为贡茶，直到清咸丰年间（1851～1861年）贡茶制度终结，是历史上十余处贡茶中最长的。

关于齐山云雾比较有名的记载是慈禧生下了载淳著封为懿妃时，每月供给"齐山云雾"瓜片茶叶十四两。另《金瓶梅》《红楼梦》均有六安茶记述，《红楼梦》中有80余处提及。

> **贮藏**
>
> 贮藏六安瓜片时，可先用铝箔袋包好再放入密封罐，必要时也可放入干燥剂，加强防潮，然后将六安瓜片放置在干燥、避光的地方，不要靠近带强烈异味的物品，且不能被积压，最好置于冰箱的冷藏库里冷藏保存。

黄山毛峰

产地：

安徽省歙县黄山汤口、富溪一带。

茶叶介绍

　　黄山毛峰，为中国历史名茶之一，中国十大名茶之一。由于"白毫披身，芽尖似峰"，故其名曰"毛峰"。

　　该茶属于徽茶，产于安徽省黄山，由清代光绪年间谢裕泰茶庄所创制。由于新制茶叶白毫披身，芽尖如锋芒，且鲜叶采自黄山高峰，遂将该茶取名为黄山毛峰。每年清明谷雨，选摘初展肥壮嫩芽，经手工炒制而成。

　　黄山毛峰条索细扁，形似"雀舌"，带有金黄色鱼叶（俗称"茶笋"或"金片"，有别于其他毛峰特征之一）；芽肥壮、匀齐、多毫；香气清鲜高长。

　　1955年，黄山毛峰以其独特的"香高、味醇、汤清、色润"，被誉为茶中精品，于是被评为"中国十大名茶"之一。

◎干茶

外形：细嫩稍卷，形似"雀舌"，色似象牙，嫩匀成朵，片片金黄。

气味：馥郁如兰，清香扑鼻。

手感：紧细而不平整。

◎茶汤

香气：清鲜高长，韵味深长。

汤色：绿中泛黄，清碧杏黄，清澈明亮。

口感：浓郁醇和，滋味醇甘。

◎叶底

肥壮成朵，厚实鲜艳，嫩绿中带着微黄。

茶叶小趣闻

传说用黄山上的泉水烧热来冲泡黄山毛峰，热气会绕碗边转一圈，转到碗中心就直线升腾，约有一尺高，然后在空中转一圆圈，化成一朵白莲花。那白莲花又慢慢上升化成一团云雾，最后散成一缕缕热气飘荡开来。这便是白莲奇观的故事。

史料记载：歙州是隋文帝开皇九年设置的，经唐朝，到宋徽宗宣和三年改名为徽州，元为徽州路，明初原名兴安府，后改徽州府至清末。黄山，隶属歙州，后属徽州。据《中国名茶志》引用《徽州府志》载："黄山产茶始于宋之嘉祐，兴于明之隆庆。"又载："明朝名茶：黄山云雾产于徽州黄山。"

黄山毛峰是清光绪年间谢裕大茶庄所创制。该茶庄创始人谢静和，歙县漕溪人，以茶为业，种采制都很精通，标名"黄山毛峰"，运往关东，博得饮者的喜爱。

贮藏

须将黄山毛峰放在密封、干燥、低温、避光的地方，以避免茶叶中的活性成分氧化加剧。家庭贮藏黄山毛峰时多采用塑料袋进行密封，再将塑料袋放入密封性较好的茶叶罐中，于阴凉、干爽处保存，这样也能较长时间保持住茶叶的香气和品质。

 # 庐山云雾

产地：

江西省庐山市。

茶叶介绍

庐山云雾茶，属于绿茶，因产自于中国江西的庐山而得名。

庐山云雾茶是庐山的地方特产之一，由于长年受庐山流泉飞瀑的浸润，形成了独特的"味醇、色秀、香馨、液清"的醇香品质，更因其六绝"条索清壮、青翠多毫、汤色明亮、叶好匀齐、香郁持久、醇厚味甘"而著称于世，被评为绿茶中的精品，更有诗赞曰："庐山云雾茶，味浓性泼辣，若得长时饮，延年益寿法。"

泡庐山云雾茶的最高境界是能泡出庐山云雾茶的醇厚、清香、甘润等各种味道，喝到嘴里层次分明，醇厚甘香，只觉茅塞顿开、神清气爽。

◎干茶

外形：紧凑秀丽，芽壮叶肥，青翠多毫，色泽翠绿。

气味：幽香如兰，鲜爽甘醇。

手感：细碎轻盈。

◎茶汤

香气：鲜爽持久，浓郁高长，隐约有豆花香。

汤色：浅绿明亮，清澈光润。

口感：滋味深厚，醇厚甘甜，入口回味香绵。

◎叶底

嫩绿匀齐，柔润带黄。

茶叶小趣闻

据《庐山志》记载，东汉时，佛教传入我国后，佛教徒便结舍于庐山。当时全山梵宫僧院多到300多座，僧侣云集。他们攀崖登峰，种茶采茗。东晋时，庐山成为佛教的一个很重要的中心，高僧慧远率领徒众在山上居住30多年，山中也栽有茶树。

后来，明太祖朱元璋曾屯兵庐山天池峰附近。朱元璋登基后，庐山的名望更为显赫。庐山云雾正是从明代开始生产的，很快闻名全国。明代万历年间的李日华《紫桃轩杂缀》即云："匡庐绝顶，产茶在云雾蒸蔚中，极有胜韵。"

1971年，庐山云雾茶被列入中国绿茶类的特种名茶。

1985年，庐山云雾茶获全国优质产品银牌奖，1989年获首届中国食品博览会金牌奖。

贮藏

选择铁罐、米缸、陶瓷罐等，铺上生石灰或硅胶，将茶叶干燥后用纸包住，扎紧细绳后一层层地放入，最后密封即可。待生石灰吸潮风化则更换，一般每隔1~2个月更换1次，若用硅胶，则待硅胶吸水变色后，拿出烘干再继续放入使用。

太平猴魁

产地：

产于安徽省黄山市北麓的黄山区新明、龙门、三口一带。

茶叶介绍

太平猴魁属绿茶类尖茶，是中国历史名茶，创制于1900年，产于安徽省黄山市北麓的黄山区（原太平县）新明、龙门、三口一带，曾出现在非官方评选的"十大名茶"之列中。

太平猴魁外形两叶抱芽，扁平挺直，自然舒展，白毫隐伏，有"猴魁两头尖，不散不翘不卷边"之称。太平猴魁在谷雨至立夏之间采摘，茶叶长出一芽三叶或四叶时开园，立夏前停采。

优质太平猴魁的色泽具有与其他名茶明显不同的特征——干茶色泽"苍绿匀润"。"苍绿匀润"中"苍绿"是高档猴魁的特有色泽，所谓"苍绿"，说白了是一种深绿色，"匀润"即茶条绿得较深且有光泽，色度很匀不花杂，毫无干枯暗象。

◎干茶

外形：肥壮细嫩，色泽苍绿匀润。

气味：香气高爽，带有一种兰花香味。

手感：嫩匀，有轻轻细嫩的感觉。

◎茶汤

香气：香浓甘醇。

汤色：清澈明亮。

口感：鲜爽醇厚。

◎叶底

嫩匀肥壮，匀润成朵，色泽黄绿明亮。

茶叶小趣闻

据传古时候，在黄山居住着一对白毛猴，生下一只小毛猴，有一天，小毛猴独自外出玩耍，来到太平县，遇上大雾，迷失了方向，没有再回到黄山。老毛猴立即出门寻找，几天后，由于寻子心切，劳累过度，老猴病死在太平县的一个山坑里。山坑里住着一个老汉，以采野茶与药材为生，他心地善良，当发现这只病死的老猴时，就将它埋在山岗上，并移来几棵野茶和山花栽在老猴墓旁。第二年春天，老汉又来到山岗采野茶，发现整个山岗都长满了绿油油的茶树。

从此，老汉有了一块很好的茶山，再也不需翻山越岭去采野茶了。为了纪念神猴，老汉把从猴岗采制的茶叶叫作猴茶。由于猴茶品质超群，堪称魁首，后来就将此茶取名为太平猴魁了。

史料记载太平猴魁创制于1900年，至今已有100多年的历史，是中国绿茶中的极品名茶，原产于新明乡猴坑、猴岗、颜家一带。

清光绪二十六年（1900年），家住猴岗的茶农王魁成在凤凰尖的高山茶园内精心选出肥壮的一芽二叶，经过精细加工，制出的成茶规格好、质量高，称为"王老二魁尖"。由于它的品质位于尖茶的魁首，首创者又名叫魁成，产于太平县猴坑、猴岗一带，故此茶全称为"太平猴魁"。

贮藏

一般家庭保存太平猴魁都是采用石灰保存法，采用这种方法时，可以找一个口小腰大，不会漏气的陶坛作为盛放器。至于生石灰，一般的食品包装袋中都会带上一小包干燥剂，干燥剂的主要成分就是生石灰，把干燥剂用棉布包着放在茶叶中就行了。

067

 # 信阳毛尖

产地：

河南省信阳市。

茶叶介绍

信阳毛尖，亦称"豫毛峰"，是河南省著名特产之一，被列为中国十大名茶之一。

信阳毛尖早在唐代就已成为朝廷贡茶，在清代则跻身为全国名茶之列，素以"细、圆、光、直、多白毫、香高、味浓、汤色绿"的独特风格而饮誉中外。北宋时期的大文学家苏东坡曾赞叹道："淮南茶，信阳第一。"

民国时期，茶叶生产继清朝之后，又得到大力发展，名茶生产技术日渐完善。信阳茶区又先后成立了五大茶社，加上清朝的三大茶社统称为"八大茶社"。由于"八大茶社"注重制作技术上的引进、消化与吸收，信阳毛尖加工技术得到完善，1913年产出了品质很好的本山毛尖茶，命名为"信阳毛尖"。

◎干茶

外形： 纤细如针，细秀匀直，色泽翠绿光润，白毫显露。

气味： 清香扑鼻。

手感： 粗细均匀，紧致光滑。

◎茶汤

香气： 清香持久。

汤色： 汤色清澈，黄绿明亮。

口感： 鲜浓醇香，醇厚高爽，回甘生津，令人心旷神怡。

◎叶底

细嫩匀整，嫩绿明亮。

茶叶小趣闻

　　相传在很久很久以前，信阳本没有茶，乡亲们在官府和老财的欺压下，吃不饱，穿不暖，许多人得了一种叫"疲劳痧"的怪病，瘟病越来越凶，不少地方都死绝了村户。一个叫春姑的闺女看在眼里，急在心上，为了能给乡亲们治病，她四处奔走寻找能人。一天，一位采药老人告诉姑娘，往西南方向翻过九十九座大山，蹚过九十九条大江，便能找到一种消除疾病的宝树。春姑按照老人的要求爬过九十九座大山，蹚过九十九条大江，在路上走了九九八十一天，累得筋疲力尽，并且也染上了可怕的瘟病，倒在一条小溪边。

　　这时，泉水中漂来一片树叶，春姑含在嘴里，马上神清目爽，浑身是劲，她顺着泉水向上寻找，果然找到了生长救命树叶的大树，摘下一颗金灿灿的种子。看管茶树的神农氏老人告诉姑娘，摘下的种子必须在10天之内种进泥土，否则会前功尽弃。想到10天之内赶不回去，也就不能抢救乡亲们，春姑难过得哭了，神农氏老人见此情景，拿出神鞭抽了两下，春姑便变成了一只尖尖嘴巴、大大眼睛、浑身长满嫩黄色羽毛的画眉鸟。小画眉很快飞回了家乡，将树籽种下，见到嫩绿的树苗从泥土中探出头来，画眉高兴地笑了起来。这时，她的心血和力气已经耗尽，在茶树旁化成了一块似鸟非鸟的石头。不久茶树长大，山上也飞出了一群群的小画眉，它们用尖尖的嘴巴啄下一片片茶叶，放进得了瘟病人的嘴里，病人便马上好了，从此以后，种植茶树的人越来越多，也就有了茶园和茶山。

贮藏

　　信阳毛尖宜在0～6℃的环境下保存，可放置在冰箱冷藏，用不锈铁质罐装好后密封起来，外裹两层塑料薄膜。

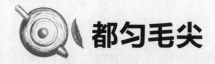

都匀毛尖

产地：

贵州省都匀市（属黔南布依族苗族自治州）。

茶叶介绍

都匀毛尖由毛泽东于1956年亲笔命名，又名"白毛尖""细毛尖""鱼钩茶""雀舌茶"，是贵州三大名茶之一，中国十大名茶之一。

在明代，都匀毛尖已为贡品敬奉朝廷，深受崇祯皇帝喜爱，因形似鱼钩，被赐名"鱼钩茶"。1915年，曾获巴拿马茶叶赛会优质奖。1982年被评为中国十大名茶之一。

都匀毛尖茶清明前后开采，采摘标准为一芽一叶初展，长度不超过2厘米。采回的芽叶必须经过精心拣剔，剔除不符要求的鱼叶、叶片及杂质等物，要求叶片细小短薄，嫩绿匀齐。摊放1~2小时，表面水蒸发干净即可炒制。炒制全凭一双技巧熟练的手在锅内炒制，一气呵成完成杀青、揉捻、搓团提毫、干燥四道工序。

◎干茶

外形：条索卷曲，翠绿油润。
气味：高雅、清新，气味纯嫩。
手感：卷曲不平，短粗。

◎茶汤

香气：清高幼嫩。
汤色：清澈明亮。
口感：鲜爽回甘。

◎叶底

叶底明亮，芽头肥壮。

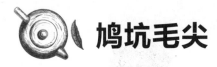 鸠坑毛尖

产地：

浙江省杭州市淳安县鸠坑源。

茶叶介绍

鸠坑毛尖产于浙江省杭州市淳安县鸠坑源。该县隋代为新安县，属睦州（今建德），故又称睦州鸠坑茶。

鸠坑毛尖茶树多分布于地势高峻的山地或山谷间的缓坡地上，称"高山茶"，历史上为贡茶。其气味芳香，饮之生津止渴，齿颊留香。

鸠坑毛尖茶于1985年被农牧渔业部评为全国优质茶；1986年在浙江省优质名茶评比中获"优质名茶"称号。鸠坑毛尖除制绿茶外，亦为窨制花茶的上等原料，窨成的"鸠坑茉莉毛尖""茉莉雨前"均为茶中珍品。

◎干茶

外形：硕壮挺直，色泽嫩绿。
气味：气味芬芳，清香。
手感：有壮结、紧直感。

◎茶汤

香气：隽永清高。
汤色：清澈明亮。
口感：浓厚鲜爽。

◎叶底

黄绿嫩匀。

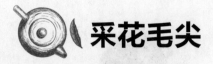 **采花毛尖**

产地：

湖北省五峰土家族自治县。

茶叶介绍

　　采花毛尖是绿茶的一种，产自素有"中国名茶之乡"之称的湖北省五峰土家族自治县。此处群山环绕，云雾蒸腾，空气清新，雨水丰沛，出产的茶叶以味醇、汤浓、汤碧、香清及可帮助强身健体而著称。其选用优质芽叶和绿色食品精制而成，外形细直，色泽油绿，香气清醇。

　　采花毛尖外形细秀匀直显露，色泽翠绿油润，香气高而持久。正宗采花毛尖是高山茶，茶树是大叶种，选购时应选芽头肥实、体积大、色泽一致的茶叶，以汤色清澈、无杂质、耐泡、香气持久者为正宗高山采花毛尖。

◎**干茶**

外形：细秀匀直，鲜嫩翠绿。
气味：气味清新。
手感：手感柔韧、松直。

◎**茶汤**

香气：清新甘醇。
汤色：碧绿清澈。
口感：鲜爽回甘。

◎**叶底**

翠绿明亮。

千岛玉叶

产地：

浙江省杭州市淳安县千岛湖畔。

◎干茶

外形：扁平挺直，绿翠露毫。

气味：带有清纯茶香，隽永持久。

手感：嫩绿成朵状的千岛玉叶茶叶触摸起来有壮结感。

茶叶介绍

　　千岛玉叶是1982年创制的名茶。千岛湖气候宜人，土质细黏，适宜种茶，早已是中国天然产茶区域。千岛玉叶新月白毫，翠绿如水，纤细幼嫩，获得了茶叶专家的一致好评。浙江农业大学教授庄晚芳等茶叶专家根据千岛湖的景色和茶叶粗壮、有白毫的特点，亲笔题名"千岛玉叶"。千岛玉叶制作略似西湖龙井，而又有别于西湖龙井。其所用鲜叶原料，均要求嫩匀成朵，标准为一芽一叶初展，并要求芽长于叶。

　　千岛玉叶的产地——千岛湖上，烟波浩渺，风景秀丽，空气湿润，气候凉爽。秀美的风光形成了品质优异、外形"俊俏"的好茶——千岛玉叶。

◎茶汤

香气：清香持久。

汤色：黄绿明亮。

口感：醇厚鲜爽。

◎叶底

嫩绿成朵。

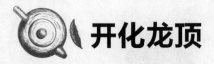 # 开化龙顶

◎干茶

外形：紧直苗秀，色泽绿翠。

气味：带有幽兰的清香。

手感：比较壮结，稍有毛茸感。

产地：

浙江省衢州市开化县齐溪乡白云山。

茶叶介绍

开化龙顶茶产于浙江省开化县齐溪乡白云山。

开化龙顶茶采于清明、谷雨间，选取茶树上长势旺盛的健壮枝梢上的一芽一叶或一芽二叶初展为原料。

开化龙顶茶炒制工艺分杀青、揉捻、初烘、理条、烘干五道工序。开化龙顶茶为中国的名茶新秀。

1985年在浙江省名茶评比中，荣获食品工业协会颁发的名茶荣誉证书，同年被评为"全国名茶"之一。

◎茶汤

香气：清幽持久。

汤色：嫩绿清澈。

口感：浓醇鲜爽。

◎叶底

嫩匀成朵。

竹叶青

◎**干茶**

外形：形似竹叶，嫩绿油润。
气味：气味芳香、明清。
手感：细嫩光滑。

产地：

四川省峨眉山。

茶叶介绍

峨眉竹叶青是在总结峨眉山万年寺僧人长期种茶制茶基础上发展而成的，于1964年由陈毅命名，此后开始批量生产。

其实，四川峨眉山产茶历史悠久，早在晋代就很有名气。据《峨眉读志》载："峨眉山多药草，茶尤好，异于天下；今水寺后的绝顶处产一种茶，味初苦终甘，不减江南春采。"宋代苏东坡题诗赞曰："我今贫病长苦饥，盼无玉腕捧峨眉。"

竹叶青茶采用的鲜叶十分细嫩，加工工艺十分精细。竹叶青茶扁平光滑色翠绿，是形质兼优的礼品茶。

1985年，竹叶青茶在葡萄牙举行的第24届国际食品质量博览会上获金质奖。1988年，又荣获中国食品博览会金奖。

◎**茶汤**

香气：高鲜馥郁。
汤色：黄绿明亮。
口感：香浓味爽。

◎**叶底**

嫩绿匀整。

松阳银猴

◎ **干茶**

外形：卷曲多毫，色泽如银。

气味：有一种令人心旷神怡的茶香。

手感：多毫，有茸毛感。

产地：

浙江省松阳瓯江上游古市区。

茶叶介绍

　　松阳银猴茶为浙江省新创制的名茶之一。因条索卷曲多毫、形似猴爪、色泽如银而得名。银猴茶采制技术精巧，开采早、采得嫩、拣得净是银猴茶的采摘特点。此茶清明前开采，谷雨时结束。采摘标准为：特级茶为一芽一叶初展，1～2级茶为一芽一叶至一芽二叶初展。该茶品质优异，饮之心旷神怡，回味无穷，被誉为"茶中瑰宝"。

　　松阳银猴是经头青、揉捻、二青、三青、干燥等五道工序精制而成。成品条索粗壮弓弯似猴，满披银毫，色泽光润；香高持久是为上品。

◎ **茶汤**

香气：香气浓郁。

汤色：绿明清澈。

口感：甘甜鲜爽。

◎ **叶底**

黄绿明亮。

茶叶小趣闻

据传闻在唐代，松阳茶因一位真人的出现而成为贡茶。这位真人就是道教法师叶法善。传说，叶法善道士（616～720年）是位得道成仙的道士，他家世世代代都传道教，他的道行法术名扬天下，深得唐高宗始至唐玄宗期间几代皇帝赏识，当时他在松阳古市卯山永宁观修炼，经常往来于古市卯山观与京都宫廷之间。他在卯山观修炼期间，依据茶圣陆羽《茶经》中的知识，利用卯山优质水土培植出10多株茶树，并且将制成的茶叶取名为"仙茶"。

在真人来往于卯山观与宫廷之间时，"卯山仙茶"也随之进入宫中，宫廷泡出后茶水色青、味醇，深得皇上喜爱，被列为宫廷贡品，从此松阳银猴也就声名鹊起了。

史料记载松阳银猴茶是一种具有地方特色的名茶，至今已有1800多年的历史。松阳银猴茶产于国家级生态示范区浙南山区瓯江上游，其境内群山连绵，山水苍碧，具有八分水一分田的地理特征，自古被文人墨客誉为"世外桃源"。浓厚的农耕文化，优越的自然环境，造就了这千年古县的上品名茶。

贮藏

松阳银猴可用有双层盖子的罐子贮存，以纸罐较好，其他锡罐、马口铁罐等都可以，罐内仍是须先摆一层棉纸或牛皮纸，再盖紧盖子（棉纸或牛皮纸都能起到防潮的作用）。

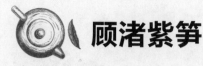

顾渚紫笋

◎ **干茶**

外形：外形紧洁，色泽翠绿。
气味：香蕴兰蕙之清。
手感：柔薄细嫩。

产地：

浙江省湖州市长兴县水口乡顾渚山一带。

茶叶介绍

顾渚紫笋茶亦称湖州紫笋、长兴紫笋，是浙江传统名茶。产于浙北长兴县水口乡顾渚山一带，早在1200多年前已负盛名。由于制茶工艺精湛，茶芽细嫩，色泽带紫，其形如笋，故此得名为"紫笋茶"。其是上品贡茶中的"老前辈"，早在唐代便被茶圣陆羽论为"茶中第一"。

随着时代变迁，紫笋茶的采制方法和产品也在演变，从团茶演变到叶茶。明太祖洪武年间罢贡龙团茶，以芽茶作贡茶。

该茶有"青翠芳馨、嗅之醉人、啜之赏心"之誉。每年清明节前至谷雨期间，采摘一芽一叶或一芽二叶初展。其制作程序经摊青、杀青、理条、摊晾、初烘、复烘等工序。

◎ **茶汤**

香气：香气馥郁。
汤色：清澈明亮。
口感：甘醇鲜爽。

◎ **叶底**

细嫩成朵。

茶叶小趣闻

紫笋茶史称"顾渚紫笋"，也称"顾渚石笋"，是我国历史悠久的名茶。唐代宗广德年间（763～764年）毗陵（常州）太守、御史大夫李栖筠在阳羡（今宜兴）督造贡茶，适逢一位山僧献上长城（今长兴）顾渚山产的茶叶，茶圣陆羽尝后认为此茶"芳香甘洌，冠于他境，可荐于上"，遂推荐给皇帝，并于大历五年（770年）正式列为贡茶。

那时因紫笋茶的品质优良，还被朝廷选为祭祀宗庙用茶。当时的皇室规定，紫笋贡茶分为五等，第一批茶必须确保清明前抵达长安，以祭祀宗庙。这第一批进贡的茶就被称为"急程茶"。

湖州的当地官员为了赶制急程茶，每年立春前后就要进山，进行全程监督，以保证按期保质地完成任务。当时的交通极不方便，从湖州到长安，相距约4000里，为了确保贡茶如期送到，送茶队伍常常在清明前10天就起程。曾经就有一个湖州刺史叫裴充的，因没有按期送到急程茶而被撤职。

顾渚紫笋茶的品质特别好，唐代诗人钱起夸它比流霞山仙酒还好，饮过以后，俗食全消。当时湖州和常州官府专在顾渚山上，设置了境会亭，每到茶季，两州官员聚集境会亭品尝新茶。白居易在苏州做官时，夜闻贾常州与崔湖州在顾渚山上的境会亭茶宴时，曾寄诗一首，内云："遥闻境会茶山夜，珠翠歌钟俱绕身。盘下中分两州界，灯前各作一家春。青娥递舞应争妙，紫笋齐尝各斗新。自叹花时北窗下，蒲黄酒对病眠人。"此诗描述了当时境会亭茶宴的盛况，又表达了自己因坠马损腰，身体不适，失去了一次参加境会亭茶宴机会的惋惜心情。

 # 天柱剑毫

◎ **干茶**

外形：扁平挺直，翠绿显毫。
气味：带有一股淡淡的茶香的清幽。
手感：明显感到平直、匀整。

产地：

安徽省安庆市潜山县天柱山。

茶叶介绍

天柱剑毫属绿茶类，因其外形扁平如宝剑而得名。

天柱剑毫产于安徽省天柱山，茶叶因常年受云霭浸漫，为淑气所钟，不用熏焙便有自然清香。每年谷雨前后茶农开始采摘新茶，由于均选用一芽一叶，因而产量有限，极为珍贵。

天柱剑毫以其优异的品质、独特的风格、俊俏的外表已跻身于全国名茶之列，1985年全国名茶展评会上被评定为全国名茶之一。

◎ **茶汤**

香气：清雅持久。
汤色：碧绿明亮。
口感：鲜醇回甘。

◎ **叶底**

匀整鲜嫩。

茶叶小趣闻

天柱剑毫创制于唐代，称舒州天柱茶。1980年恢复生产，因外形扁直似剑，故称天柱剑毫。天柱剑毫的开发，始于1978年。初名"奇峰"，出自大诗人李白赞誉天柱山主峰"奇峰出奇云"诗句。开始仿制毛峰，后又改为剑状，仿天柱山笋子峰。次改"晴雪"，以茶身满披白毫，以"天柱晴雪"风景之名为名。最后，以形似利剑，满披白毫，定名"天柱剑毫"。

唐代陆羽《茶经》有舒州太湖县潜山产茶的记载。唐代杨华《膳夫经手录》有"舒州天柱茶，虽不峻拔遒劲，亦甚甘香芳美，良可重也"的记述。

据《潜山县志》载："茶以皖山为佳，产皖峰，高矗云表，晓雾布蔓，淑气钟之，故其气味不待熏焙，自然馨馥，而悬崖绝壁间，有不得自生者尤为难得，谷雨采贮，不减龙团雀舌也。"天柱茶在唐、宋时，即美名远扬，而后却销声匿迹，湮没失传。其原因无以考证。

1980年恢复生产，因外形扁直似剑，故称天柱剑毫。天柱剑毫的开发，始于1978年。为了开发天柱山茶叶资源，适应天柱山风景区旅游业的发展，经过6年的研究、试制，终于在1985年成功地创制出名茶"天柱剑毫"，使天柱名茶重放异彩。

休宁松萝

产地：

安徽省黄山市休宁县。

茶叶介绍

    休宁松萝属绿茶类，为历史名茶，创于明代隆庆年间（1567～1572年），产于安徽省休宁县松萝山。明清时，松萝山为佛教圣地，早在明洪武年间松萝山盈福寺已名扬江南，香火鼎盛。松萝茶区别于其他名茶的显著特征是"三重"，即色重、香重、味重。"色绿、香高、味浓"是松萝茶的显著特点，饮后令人神驰心怡，古人有"松萝香气盖龙井"之赞辞。

    明代许次纾《茶疏》记载："若歙之松萝，吴之虎丘，钱塘之龙井，香气浓郁"明代徐渭《刻徐文长先生秘集》中，将松萝茶列为当时30种名茶之一。清代吴嘉纪在《松萝茶歌》中有"松萝山中嫩叶萌，卷绿焙鲜处处同"赞誉松萝茶品质的诗句。

◎ **干茶**

外形：紧卷匀壮，色泽绿润。

气味：气味高爽，带有橄榄的香味。

手感：卷曲，手感柔软。

◎ **茶汤**

香气：幽香高长。

汤色：汤色绿明。

口感：甘甜醇和。

◎ **叶底**

绿嫩柔软。

茶叶小趣闻

据传闻，在明太祖洪武年间，松萝山的让福寺门口摆有两口大水缸，引起了一位香客的注意，水缸因年代久远，里面长满绿萍，香客来到庙堂对老方丈说，那两口水缸是个宝，要出三百两黄金购买，商定三日后来取。香客一走，老和尚怕水缸被偷，立即派人把水缸的绿萍水倒出，洗净搬到庙内。三日后香客来了见水缸被洗净，便说宝气已净，没有用了。老和尚极为懊悔，但为时已晚。香客走出庙门又转了回来，说宝气还在庙前，那倒绿水的地方便是，若种上茶树，定能长出神奇的茶叶来，这种茶三盏能解千杯醉。老和尚照此指点种上茶树，不久，果然发出的茶芽清香扑鼻，便起名"松萝茶"。

200年后，到了明神宗时，休宁一带流行伤寒痢疾，人们纷纷来让福寺烧香拜佛，祈求菩萨保佑。方丈便给来者每人一包松萝茶，并面授"普济方"：病轻者沸水冲泡频饮，两三日即愈；病重者，用此茶与生姜、食盐、粳米炒至焦黄煮服，或研碎吞服，两三日也可愈。果然，服后疗效显著，制止了瘟疫流行。从此松萝茶成了灵丹妙药，名声大噪，蜚声天下。

贮藏

日常生活中，休宁松萝一定要保存在密封、干燥、低温、避光处，且不可挤压，才不会使之变质。

 # 顶谷大方

◎干茶

外形：扁平匀齐，翠绿微黄。

气味：气味高而长，带有板栗香。

手感：触摸时比起其他茶叶有丰盈肥厚感。

产地：

安徽省黄山市歙县。

茶叶介绍

顶谷大方又名"竹铺大方""拷方""竹叶大方"，创制于明代，在清代被列为贡茶。大方茶产于黄山市歙县的竹铺、金川、三阳等乡村，尤以竹铺乡的老竹岭、大方山和金川乡的福泉山所产的品质最优，被誉称"顶谷大方"。顶谷大方制作方法独特，不仅色香味俱全，而且还有丰富的营养价值和药用价值，它对减肥有特效，故被誉为茶叶中的"减肥之王"。

顶谷大方形质与浙江龙井茶相似，以扁平为其主要特色，但顶谷大方较之龙井茶味更加醇厚，而且在茶味之余还带有一丝甜意。顶谷大方曾在1986年成为国家外交部礼茶，质量得到肯定。

◎茶汤

香气：高长清幽。

汤色：清澈微黄。

口感：醇厚爽口。

◎叶底

芽叶肥壮。

茶叶小趣闻

传说黄山上有个美丽善良的姑娘，用这里的大方茶治好乾隆皇后的眼病。后来，乾隆皇帝下江南，特地上山寻找这位姑娘，要对她进行封赏。可是，那姑娘闻声向蓝天高飞了，原来她是个仙姑。是时，大方茶深受乾隆厚爱。于是皇帝诏书，令这里生产的上等大方茶为贡茶，即现在的顶谷大方，大方是皇帝恩赐的茶名，顶谷言其高山夹谷，是后人冠加的，意思是高山上的大方茶，简称顶谷大方。

大方茶创制于明代，清代已入贡茶之列。据《歙县志》记载："明隆庆（1567～1572年）年间，僧大方住休宁松萝山，制茶精妙，群邑师其法。然其时仅西北诸山及城大涵山产茶。降至清季，销输国外，逐广种植，有毛峰、大方、烘青等目。"大方茶相传为比丘大方始创于歙县老竹岭，故称为"老竹大方"。

贮藏

日常生活中，顶谷大方茶一定要保存在密封、干燥、低温、避光处，且避免与有异味的东西一起存放，才不会变质。可用干燥箱贮存或陶罐存放茶叶。罐内底部放置双层棉纸，罐口放置二层棉布而后压上盖子。

花果山云雾茶

◎ **干茶**

外形：条束舒展，润绿显毫。
气味：气息醇厚，比较持久。
手感：平直长滑。

产地：

江苏省连云港市花果山。

茶叶介绍

　　花果山云雾茶是绿茶类名茶，产于江苏省连云港市花果山。该茶形似眉状，叶形如剪，清澈浅碧，略透粉黄，润绿显毫；冲泡后透出粉黄的色泽，条束舒展，如枝头新叶，阴阳向背，碧翠扁平，香高持久，滋味鲜浓。花果山云雾茶又因它生于高山云雾之中，纤维素较少，可多次冲泡，啜尝品评，余味无穷。

　　云雾茶历史悠久，始于宋，存于清，产在黄海之滨的孙悟空故乡历史悠久的花果山山区，生长在云雾缭绕之中。唐陆羽在《茶经》中记载，中国茶叶产地北限，一直伸展到河南道的海州，而海州就是今天的连云港。公元十世纪前史书记载："海州地区山海之利，以盐茶为大端。"古诗也有记载："细箩精彩云雾茶，经营唯贡帝王家。"

◎ **茶汤**

香气：香高持久。
汤色：嫩绿清澈。
口感：鲜浓甘醇。

◎ **叶底**

黄绿明亮。

茶叶小趣闻

传说在很久以前，花果山上还没有这么多奇花异果，四周人家也很少，单说这山上有一座庙，庙里住着个老和尚。在庙的四周长满了茶树，老和尚精心照看着这些茶树，每年都要亲自采摘一些茶叶，炒制后保存起来，一般的客人是没有口福尝的。有一天晚间，老和尚做了一个梦，梦见一轮红日从海中冉冉升起，老和尚马上惊醒，连称好梦，明日必有贵客来。

第二天清晨，果不其然来了贵客，老和尚给客人亲自冲茶，客人连声称道："好茶，好茶！"老和尚介绍说："此茶乃云雾茶。"茶罢，那客人道谢走了。

原来，那客商打扮的人正是喜欢游山玩水的乾隆皇帝。乾隆自喝了花果山云雾茶以后，对山珍海味都渐渐不感兴趣了。回到京城后，下圣旨钦定花果山云雾茶为御茶，花果山云雾茶也因此扬名天下。

贮藏

应将茶叶放在阴凉干燥处，不受潮，根据茶叶存放数量，有必要把石灰包放进茶叶中排潮，可保持1年内不变质。

南京雨花茶

◎ **干茶**

外形：形似松针，色呈墨绿。

气味：气味清幽，似有若无之感。

手感：两端略尖，触摸时稍感扎手。

产地：

江苏省南京市雨花台区。

茶叶介绍

　　雨花茶是全国名茶之一，茶叶外形圆绿，如松针，带白毫，紧直。雨花茶因产于南京雨花台而得名。

　　雨花茶必须在谷雨前采摘，采摘下来的嫩叶要长有一芽一叶，经过杀青、揉捻、整形、烘炒四道工序，且全工序皆用手工完成。

　　紧、直、绿、匀是雨花茶的品质特色。雨花茶冲泡后茶色碧绿、清澈，香气清幽，滋味醇厚，回味甘甜。

◎ **茶汤**

香气：浓郁高雅。

汤色：绿而清澈。

口感：鲜醇宜人。

◎ **叶底**

嫩匀明亮。

茶叶小趣闻

"雨花茶"在我国茶名中实为罕见，但"雨花茶"的生产历史却十分悠久。约在公元四世纪的东晋时代，南京百姓就有饮早茶的习俗。陆羽在《茶经》中记述了"广陵耆老传"的故事。说的是晋元帝时，有一个老妇人，每天早晨提着一壶茶沿街叫卖，百姓都争先恐后地买她的"雨花茶"汤来喝，奇怪的是，这老妇人自一清早叫卖到晚上，把卖茶所得的钱全部给孤苦贫穷的人，贫穷的人都很感激她。这个消息被当地官吏知道，派人把老妇人抓了起来，关进牢里。第二天一清早，老妇人不见了。后来，雨花台一带开始遍布葱郁碧绿的茶园。

雨花茶的色、香、味、形俱佳，其外形圆绿、条索紧直、峰苗挺秀，带有白毫，犹如松针，象征着革命先烈坚贞不屈、万古长青的英雄形象。

贮藏

日常生活中存放南京雨花茶，一定要保存在密封、干燥、低温的环境中，才不会使之变质。同时要注意不可以受到挤压。

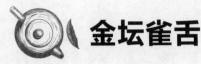 # 金坛雀舌

◎干茶

外形： 扁平挺直，翠绿圆润。
气味： 带有一点点鲜爽的嫩香。
手感： 柔韧、光滑。

产地：

江苏省常州金坛市。

茶叶介绍

金坛雀舌产于江苏省金坛市方麓茶场，为江苏省新创制的名茶之一。属扁形炒青绿茶，以其形如雀舌而得名。且以其精巧的造型、翠绿的色泽和鲜爽的嫩香屡获好评。内含成分丰富，水浸出物的茶多酚、氨基酸、咖啡因含量较高。

品鉴金坛雀舌茶一定要注意茶与水的比例要恰当，通常茶与水之比为1∶50～1∶60（即1克茶叶用水50～60毫升）为宜；泡茶的水温，要求在80℃左右最为适宜（水烧开后再冷却）；将茶叶放入杯中后先倒入少量开水，以浸透茶叶为度，加盖3分钟左右，再加开水到七八成满，便可趁热饮用。当喝到杯中尚余三分之一左右茶汤时，再加开水。通常以冲泡三次为宜。

◎茶汤

香气： 嫩香清高。
汤色： 碧绿明亮。
口感： 鲜醇爽口。

◎叶底

嫩匀成朵。

茶叶小趣闻

传说江苏金坛茅山原名句曲山，为道教圣地。茅山乾元观有道士数百人，前来进香的善男信女络绎不绝，因此观内造了一口特大的水缸，来解决吃水问题。可时间一长，缸内长出许多青苔。这些青苔都有长长的根，如凤凰尾巴一样。青苔越长越多，观内就派了两位道士清洗水缸。这两位道士将清洗的陈水挑出道观，倾倒在道观墙外的几棵茶树边。不料第二年那几棵被缸水浇灌的茶树，生长得特别旺盛，茶叶产量竟比其他茶树多出数倍。道士们喜出望外便将这几棵茶树的茶叶采下来，单独加工，制成茶，清香扑鼻，饮之齿颊留香，人们称它为"乾茶"。从此乾元观的茶园内都改种这种茶树，茅山茶农也纷纷引种，而且被列为贡品。

茅山地区早在隋唐前即为江南茶乡，所产的传统名茶享有盛誉。清顺治年间乾元观一带所产的"乾茶" 和民国时期茅麓公司生产的"茅麓茶"就颇为有名。显然，茶叶与道教茅山山区共生共荣，相得益彰。

贮藏

日常生活中，金坛雀舌茶一定要保存在密封、干燥、低温的环境中，才不会变质。同时要注意不可以受到挤压。一定要注意不要与有异味的东西放在一起，以免使茶受到异味物的感染而变质。

金山翠芽

◎**干茶**

外形：扁平匀整，黄翠显毫。

气味：绿茶中少有的高香，茶香扑鼻。

手感：肥匀平滑。

产地：

江苏省镇江市。

茶叶介绍

金山翠芽系中国名茶，原产于江苏省镇江市，因镇江金山是旅游胜地而名扬海内外。金山翠芽绿茶以大毫、福云6号等无性系茶树品种的芽叶为原料，高度发挥制茶工艺研制而成。该茶外形扁平挺削，色翠香高，冲泡后翠芽徐徐下沉，挺立杯中，形似镇江金山塔倒映于扬子江中，饮之滋味鲜浓，令人回味无穷，给饮此茶者以较高的文化和精神享受，是馈赠亲朋的极品。

金山翠芽茶从外形看酷似"竹叶青"，为芽苞，形为扁平挺削，只不过"竹叶青"更加平整。色泽黄翠显毫，干茶香味扑鼻，绿茶中少有的高香，香味独特。

◎**茶汤**

香气：清高持久。

汤色：嫩绿明亮。

口感：鲜醇浓厚。

◎**叶底**

肥匀嫩绿。

 # 太湖翠竹

◎干茶

外形： 扁似竹叶，翠绿油润。

气味： 清香，茶气鲜爽。

手感： 有韧厚光滑的质感。

产地：

江苏省无锡市锡北镇。

茶叶介绍

太湖翠竹为创新名茶，采用福丁大白茶等无性系品种芽叶，于清明节前采摘单芽或一芽一叶初展鲜叶。

太湖翠竹产于无锡市郊区和锡山一带。无锡市地处长江三角洲腹地，气候温和，四季分明，相对湿度均在80%以上，有利于喜温喜湿的茶树生长。土壤以黄棕壤为主，呈微酸性，土层深厚，山区林木覆盖率达97%以上，适宜茶树生长。

太湖翠竹首创于1986年，2011年获得了国家地理标志证明商标。该茶泡在杯中，茶芽徐徐舒展开来，形如竹叶，亭亭玉立，似群山竹林，因而得名。

◎茶汤

香气： 清高持久。

汤色： 黄绿明亮。

口感： 鲜醇回甘。

◎叶底

嫩绿匀整。

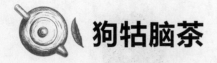

狗牯脑茶

◎干茶

外形：紧结秀丽，白毫显露，细嫩均匀，芽端微勾。

气味：略有花的香气。

手感：匀整，光滑。

产地：

江西省遂川汤湖乡的狗牯脑山。

茶叶介绍

　　狗牯脑茶，又叫狗牯脑山石山茶，创制于清代，因其产地的山形似狗，命名"狗牯脑"。该茶是江西珍贵名茶之一，其采制要求十分精细，四月初开始采摘，鲜叶标准为一芽一叶初展，不采摘露水叶，雨天和晴天中午均不采摘，鲜叶后续还要经过挑选工序。味道清凉可口，醇厚清爽。

　　狗牯脑茶外形紧结秀丽，表面覆盖一层细软嫩的白绒毫，莹润生辉。优质的狗牯脑茶外形应该是紧结秀丽，而且略带花香的。

◎茶汤

香气：清幽清香。

汤色：黄绿清明，清澄透亮。

口感：醇厚清爽，清凉可口，

◎叶底

黄绿匀整，柔嫩鲜活。

南岳云雾茶

◎干茶

外形：条索紧细，绿润有光泽。

气味：有一股浓郁的清香，甜润醉人。

手感：细薄，手感松软。

产地：

湖南省中部的南岳衡山。

茶叶介绍

　　南岳云雾茶产于湖南省中部的南岳衡山。这里终年云雾缭绕，茶树生长茂盛。南岳云雾茶造型优美，香味浓郁甘醇，久享盛名，早在唐代，已被列为贡品。其形状独特，叶尖且长，形状似剑，以开水泡之，尖朝上，叶瓣斜展如旗，颜色鲜绿，香气浓郁，纯而不淡，浓而不涩，经多次泡饮后，仍然汤色清澈、回味无穷。

　　南岳云雾茶，在唐代就列为"贡茶"，唐代名典陆羽的《茶经》亦有记载："茶出山南者，生衡山县山谷。"直至1980年至1982年连续三年南岳云雾茶被评为部优、省优产品，畅销海内外。

◎茶汤

香气：清香浓郁。

汤色：嫩绿明亮。

口感：甘醇爽口。

◎叶底

清澈明亮。

婺源茗眉

◎干茶

外形：弯曲似眉，翠绿光润。

气味：带着清香的气息，闻上去较为鲜醇。

手感：叶嫩而显得柔滑。

产地：

江西省上饶市婺源县。

茶叶介绍

　　婺源茗眉茶，属绿茶类珍品之一，因其条索纤细如仕女之秀眉而得名，主要产于浙江、安徽、江西等地。眉茶中的品种主要有特珍、珍眉、凤眉、雨茶、贡熙、秀眉和茶片等。

　　婺源茗眉茶的采摘标准为一芽一叶初展，要求大小一致，嫩度一致。

　　婺源茗眉茶外形弯曲似眉，翠绿紧结，银毫披露，外形虽花色各异，但内质为清汤绿叶，香味鲜醇，浓而不苦，回味甘甜。滋味鲜爽甘醇为其特点。眉茶为长炒青绿茶精制产品的统称。

◎茶汤

香气：清高持久。

汤色：黄绿清澈。

口感：鲜爽甘醇。

◎叶底

柔嫩明亮。

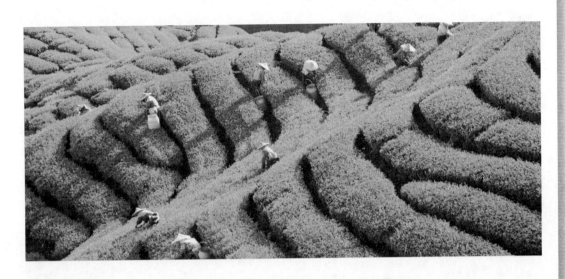

茶叶小趣闻

唐代陆羽所著《茶经》中，有歙州（当时婺源属歙州）茶"生婺源山谷"的记载。唐大中十年，朝廷膳夫杨华撰《膳夫经手录》中记载："婺源方茶，置制精好，不杂木叶，自梁、宋、燕、并间，人皆尚之。"南唐都置制使刘津撰《婺源诸县都不得置制新城记》中，称"婺源茶货实多"。

宋朝婺源产制的茶叶已出类拔萃。《宋史·食货》中对茶叶有"毗陵之阳羡，绍兴之日铸，婺源之谢源，隆兴之黄龙、双井，皆绝品也"的记载。明朝，婺源茶叶受到朝廷赞赏，被列为贡品。至清乾隆间，婺源茶叶被列为中国外贸出口的主要物资之一，并开始精制外销获得了国际茶界的赞誉。

清代中叶是婺源绿茶外销盛期，茶叶产量较高。据民国史料记载："在昔茶叶繁荣时期，每年产茶约5万担。"

贮藏

婺源茗眉茶一定要保存在密封、干燥、低温的环境中，才不会使之变质。可用有双层盖子的罐子贮存，以纸罐较好，其他锡罐、马口铁罐等都可以，罐内仍是须先摆一层棉纸或牛皮纸，再盖紧盖子。

 # 蒙顶甘露

产地:

四川省邛崃山脉之中的蒙山。

茶叶介绍

　　蒙顶甘露为中国顶级名优绿茶、卷曲型绿茶的代表。产于地跨四川省名山、雅安两县的蒙山,四川蒙顶山上清峰有汉代甘露祖师吴理真手植7株仙茶的遗址。蒙顶甘露是中国最古老的名茶,被尊为茶中故旧、名茶先驱。蒙顶甘露目前为中国的国礼茶,在我国外事活动中,深得国外嘉宾的喜爱。"扬子江中水,蒙顶山上茶",由于品质优异,历代文人雅士对它赞扬不绝。

　　1959年,蒙顶甘露被评为全国名茶。此外,蒙顶名茶还多次被评为国家、省优、部优产品,已成为国家级礼茶。

◎干茶

外形: 紧卷多毫,嫩绿色润。

气味: 茶气浓郁,有丰厚的韵味。

手感: 卷曲不平,结朵状,有细微茸毛感。

◎茶汤

香气: 香气馥郁。

汤色: 碧清微黄。

口感: 浓郁回甘。

◎叶底

嫩绿鲜亮。

茶叶小趣闻

相传，很久以前，青衣江有鱼仙，因厌倦水底的枯燥生活，遂变化成一个美丽的村姑来到蒙山，碰见一个名叫吴理真的青年，两人一见钟情。鱼仙掏出几颗茶籽，赠送给吴理真，订了终身，相约在来年茶籽发芽时，鱼仙就前来和吴理真成亲。鱼仙走后，吴理真就将茶籽种在蒙山顶上。第二年春天，茶籽发芽了，鱼仙出现了，两人成亲之后，相亲相爱，共同劳作，培育茶苗。鱼仙解下肩上的白色披纱抛向空中，顿时白雾弥漫，笼罩了蒙山顶，滋润着茶苗，茶树越长越旺。鱼仙生下一儿一女，每年采茶制茶，

生活很美满。但好景不长，鱼仙偷离水晶宫，私与凡人婚配的事，被河神发现了。河神下令鱼仙立即回宫。鱼仙无奈，只得忍痛离去。临走前，嘱咐儿女要帮父亲培植好满山茶树，并把那块能变云化雾的白纱留下，让它永远笼罩蒙山，滋润茶树。吴理真一生种茶，活到八十，因思念鱼仙，最终投入古井而逝。后来有个皇帝，因吴理真种茶有功，追封他为"甘露普惠妙济禅师"。蒙顶茶因此世代相传，朝朝进贡。

唐代《国史补》中将蒙顶茶列为黄茶之首。唐朝诗人亦写了很多赞美蒙顶茶的诗篇。五代毛文锡《茶谱》记载："蒙山有五峰，环状如指掌，曰上清，曰玉女，曰井泉，曰菱角，曰甘露，仙茶植于中心蟠根石上，每岁采仙茶七株为正贡。"

贮藏

日常生活中，蒙顶甘露茶一定要保存在干燥、低温的环境中，才不会变质。最好能预备一台专门贮存茶叶的小型冰箱，设定温度在-5℃以下，将拆封的封口紧闭好，将其放入冰箱内。

紫阳毛尖

产地：

陕西省安康市紫阳县。

茶叶介绍

　　紫阳毛尖产于陕西汉江上游、大巴山麓的紫阳县近山峡谷地区，系历史名茶。紫阳县汉江两岸的近山峡谷地区，层峦叠翠，云雾缭绕，冬暖夏凉，气候宜茶。

　　紫阳毛尖所用的鲜叶，采自绿茶良种紫阳种和紫阳大叶泡，茶芽肥壮，茸毛特多。

　　紫阳毛尖不仅品质优异，而且近年又被发现富含人体必需的微量元素——硒，具有较高的保健和药用价值，越来越受到人们的喜爱和重视，加工工艺分为杀青、初揉、炒坯、复揉、初烘、理条、复烘、提毫、足干、焙香十道工序。

◎ 干茶

外形： 条索圆紧，翠绿显毫。
气味： 嫩香清爽。
手感： 手感紧致，重实，有茸毛感。

◎ 茶汤

香气： 嫩香持久。
汤色： 嫩绿清亮。
口感： 鲜爽回甘。

◎ 叶底

嫩绿明亮。

茶叶小趣闻

传说在宋元丰年间，浙江临海人张平叔在紫阳境内汉水之滨的仙人洞里修炼并在此羽化，系紫阳真人，紫阳县因此得名。在其修炼期间，往往在山水之间采其茶，以炼其神，并常常赠予路人。久而久之，紫阳县出产的茶叶就出名了。

自唐代开始紫阳县归金州辖区，出产的"茶芽"（今"紫阳毛尖"前身）作为贡品其时已饮誉朝野。但另有一说：茶芽产于金州汉阴郡（现安康与汉阴县之间）。《新唐书》载："金州土贡：麸金、茶芽……"据《华阳国志·巴志》载，金州（即今紫阳、安康一带）境内"西城、安康二县山谷"所产"香茗"等皆纳贡之。

到清代时，"陕南唯紫阳茶有名"（《陕西通志·茶马志》雍正版），紫阳茶已成为全国十大名茶之一。清光绪《紫阳县志·食货志》载："紫阳茶春分时摘之，细叶如米粒，色轻黄，名曰毛尖，白茶至贵。清明时摘之，细叶相连，如个字状，名曰芽，入水色微绿，较白茶气力充足，香烈尤倍。"清代叶世倬茶诗中概括道"自昔关南春独早，清明已煮紫阳茶"，就是最好的说明。清末至1949年期间，紫阳茶收购和销售全凭私商来操持着，为西北地区最大的产茶县。

贮藏

日常生活中，紫阳毛尖茶一定要保存在密封、干燥、低温的环境中，才不会变质。

 恩施玉露

◎干茶

外形：条索紧细。

气味：嫩香清爽。

手感：匀齐挺直，状如松针。

产地：

湖北省恩施市。

茶叶介绍

　　恩施玉露是中国传统名茶，产于世界硒都——湖北省恩施市，是中国保留下来的为数不多的一种蒸青绿茶，自唐时即有"施南方茶"的记载。

　　1965年，恩施玉露被评为"中国十大名茶"，2009年被评为"湖北省第一历史名茶"。其制作工艺及所用工具相当古老，与陆羽《茶经》所载十分相似。其茶不但叶底绿亮、鲜香味爽，而且外形色泽油润翠绿，毫白如玉，故名"恩施玉露"。

　　恩施玉露对采制的要求很严格，芽叶须细嫩、匀齐，成茶条索紧细，色泽鲜绿，匀齐挺直，状如松针。

◎茶汤

香气：馥郁清鲜。

汤色：清澈明亮。

口感：醇爽甘甜。

◎叶底

嫩绿匀整。

茶叶小趣闻

据传产在清朝康熙年间，当时恩施芭蕉黄连溪有一位姓蓝的茶商，他的茶叶店生意一直不好，濒临倒闭。他有两个女儿，一个叫蓝玉，一个叫蓝露，她们见家中茶叶堆积，父亲愁眉紧皱，就商量出此一计。两人上山亲自采茶，选用叶色浓绿的一芽一叶或一芽二叶鲜叶，芽叶必须要细嫩、匀齐，色泽鲜绿，状如松针，姐妹二人上山半个月，才采得2斤精品嫩芽。

回到家中，蓝玉和蓝露姐妹开始垒灶研制，先将茶叶蒸汽杀青，然后再用扇子扇凉，然后再烘干，烘干之后蓝玉负责揉捻，蓝露负责第二次烘干，烘焙至用手捻茶叶能成粉末，梗能折断。最后拣除碎片、黄片、粗条、老梗及其他夹杂物，然后用牛皮纸包好，置于块状石灰缸中封藏。经过这些烦琐的工序，姐妹俩花了8天8夜制成了上好的茶叶。

父亲品尝之后赞不绝口，喜上眉梢，直说："好，好啊！"随后以女儿的名字命名"恩施玉露"。恩施玉露得到了客人的肯定，从此销路好、口碑好，一传十，十传百，恩施玉露名扬天下！

恩施玉露是中国传统名茶，自唐时即有"施南方茶"的记载。明代黄一正《事物绀珠》载："茶类今茶名……崇阳茶、蒲圻茶、圻茶、荆州茶、施州茶、南木茶。"

贮藏

恩施玉露茶一定要保存在密封、干燥的环境中，才不会使之变质。可用干燥的箱子贮存茶叶。

 # 松阳香茶

外形：条索细紧，色泽翠润。
气味：带有茶叶中最原始的气味，清香怡人。
手感：匀整而稍微有些滑腻。

产地：

浙江省松阳县。

茶叶介绍

　　松阳香茶，以香得名，以形而诱人，整个生产过程中都以"精"为主，主要以其条索细紧、色泽翠润、香高持久、滋味浓爽的独特风格为人们所喜爱。

　　松阳香茶的炒制工艺过程包括鲜叶的摊放、杀青、揉捻和干燥四道工序。每道工序都要求精确细致，要求它的原汁原味得到保留。

　　但要注意观察是否混有茶片、茶梗、茶末、茶籽和制作过程中混入的竹屑、木片、石灰、泥沙等夹杂物。净度好的茶，不含任何夹杂物。

◎ **茶汤**

香气：清高持久。
汤色：黄绿清亮。
口感：浓爽清醇。

◎ **叶底**

绿明匀整。

茶叶小趣闻

虽说松阳香茶是20世纪90年代的新品，但松阳茶名由来已久，早在三国时期，松阳就开始出产茶叶，到了唐代已很兴盛。唐朝大诗人戴叔伦任东阳县令期间，曾访松阳横山寺，老僧人奉上一碗当地产的横山茶。戴叔伦沉醉于茶香，不觉日落西山，不胜感慨，乃赋诗《横山》："偶入横山寺，溪深路更幽。露涵松翠滴，风涌浪花浮。老衲供茶碗，斜阳送客舟。自缘归思促，不得更迟留。"

至宋代，松阳饮茶之风日甚，茶道盛行，僧侣、文人乐于"斗茶"（即表演茶道）而不疲。松阳人祖谦禅师曾居西屏山白鹤殿修行，他是当时有名的"斗茶"高手，其与大诗人苏轼友善。一日，与苏东

坡相会叙话，并为苏东坡"斗茶"。东坡先生钦佩祖谦茶道精深，乃赠诗《西屏山》："道人晓出西屏山，来施点茶三昧手。忽惊午盏兔毫斑，打作春瓮鹅儿酒。天台乳花世不见，玉川凤液今何有？东坡有意续茶经，要使祖谦名不朽。"据说，后人在整理西屏山白鹤殿地基时，发现一石碑上刻有苏轼的这首诗。

清代乡贤周圣教在《西屏山怀古》诗中写道："汲水煮茶气味清，一饮人疑有仙骨。"品饮松阳茶，能令人神清气爽，足见松阳茶的极佳品质。松阳茶文化源远流长，用茶民俗别具一格，历代相沿成习，形成了独特的地域文化。

贮藏

目前，有许多家庭采用市售的铁罐、竹盒或木盒等装茶。这些罐或盒，若是双层的，其防潮性能更好。装有茶叶的铁罐或盒，应放在阴凉处，避免潮湿和阳光直射。如果罐装茶叶暂时不饮，可用透明胶纸封口，以免潮湿空气渗入。

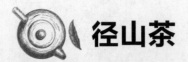 **径山茶**

产地：

浙江省的余杭区。

茶叶介绍

　　径山茶又名径山毛峰茶，简称径山茶，因产地而得名，属绿茶类名茶。产区气候温和湿润，雨量充沛，岭峰高处多雾，土质肥沃，为茶树的生长提供了良好的条件。

　　径山茶在唐宋时期已经有名，日本僧人南浦昭明禅师曾经在径山寺研究佛学，后来把茶籽带回日本，是当今很多日本茶叶的茶种。

　　径山茶，以"崇尚自然，追求绿翠，讲究真色、真香、真味"著称于世。说到径山茶，主要是指最有代表性的径山毛峰，它是经烘制而成的卷曲形特种绿茶，采摘标准以一芽一叶或一芽二叶初展为原料制作。

◎ **干茶**

外形： 纤细苗秀，色泽翠绿油润。
气味： 带有独特的板栗香。
手感： 纤幼光滑。

◎ **茶汤**

香气： 清幽持久。
汤色： 嫩绿莹亮。
口感： 鲜醇爽口。

◎ **叶底**

嫩匀明亮。

茶叶小趣闻

径山茶与山齐名。据记载是始商于唐朝天宝元年，至今已有1250多年历史。对此嘉庆《余杭县志》是这样记载的："径山开寺僧法钦尝手植茶树数株，采以供佛，逾年蔓延山谷，其味鲜芳，特异它产，今径山茶是也。"

当时，径山茶又称"径山龙井"或"天目龙井"，比现之西湖龙井要早几个朝代。它的由来在余杭旧志中有这样一段神奇的记载，说唐代宗时，径山寺祖师法钦自昆山来到径山脚下，据石床危坐，见一老叟前来致拜，自称乃天目老龙，他对法钦说，大师到此，想必要久居下来，看来我只得避让到天目山去，就把这座山献给你开山立业吧！于是就把法钦领上山，指着径山五峰间的一处山涧水潭说，我走掉以后，这一水潭必涸。语音刚落，忽风雨大作，老龙即隐没于风雨晦暝之中。雨止后，原来的山涧水潭已变成平地，只存一洞穴。现径山寺后的那一洞穴，就是著名的龙井。径山龙井茶也就以此而得名。

宋代翰林院学士叶清臣，他考察过浙江许多茶区，也到过径山品饮过径山茶，并在他的《文集》中肯定"钱塘、径山产茶质优异"。元明清时的径山茶仍享誉不衰。明·田汝成《西湖游览志》载："盖西湖南北诸山及诸旁邑皆产茶，而龙井、径山尤驰誉也。"清·谷应泰《博物要览》记载："杭州有龙井茶、天目茶、径山茶等六品。"

> ### 贮藏
>
> 新购买的径山茶，最好尽快装入茶叶罐中，但由于茶叶罐多有不良气味，所以装茶叶前先要去除罐中异味，方法是将少许茶放入罐中后摇晃。

 # 惠明茶

◎**干茶**

外形：紧缩壮实，翠绿光润。

气味：带有清幽的兰花香。

手感：茶叶匀整，具有重实感。

产地：

浙江省景宁畲族自治县。

茶叶介绍

　　景宁惠明茶是浙江传统名茶，古称"白茶"，又称景宁惠明，简称惠明茶。产于景宁畲族自治县红垦区赤木山的惠明村，具有回味甜醇、浓而不苦、滋味鲜爽、耐于冲泡、香气持久等特点，是名茶中的珍品。

　　惠明茶的鲜叶标准以一芽二叶初展为主，采回后进行筛分，使芽叶大小、长短一致。惠明茶的加工工艺分为摊青、杀青、揉条、辉锅四道工序。

　　惠明茶的冲泡要求在80℃左右最为适宜，因为优质绿茶的叶绿素在过高的温度下易被破坏变黄，同时茶叶中的茶多酚类物质也会在高温下氧化使茶汤很快变黄，很多芳香物质在高温下也很快挥发散失，使茶汤失去香味。

◎**茶汤**

香气：清高持久。

汤色：清澈明绿。

口感：鲜爽甘醇。

◎**叶底**

嫩绿匀整。

茶叶小趣闻

惠明茶是浙江省八大名茶之一，也是全国重点茶之一。产地景宁敕木山，在张春乡境内，主峰四周，云山雾海，适宜茶叶生长。景宁县志称："唐咸通二年，惠明和尚建寺山中，和畲民在寺周围辟地种茶，茶因僧名。"至今已历一千一百余年，历代列为贡茶。

1973年丽水地区将惠明茶列入重点研究课题，重新挖掘了这一历史名茶，对茶区土壤、气候和茶叶的栽培、采制等项目进行研究，加快了惠明茶的发展，产品质量也随之不断提高，从而使惠明茶重获新生，几年来已发展新茶园近千亩，投产茶园一百多亩。

贮藏

惠明茶是我国名优绿茶，风味独特宜人，滋味鲜爽醇厚，是不可多得的绿茶精品，要保持惠明茶的鲜爽风味，贮存方法十分关键。先用小罐子分装少量茶叶，以便随时取用，其余的茶叶则用大罐子密封起来储存。最好不要使用玻璃罐、瓷罐、木盒或药罐，因为这些器具具有透光、不防潮、易碎的缺点。

武阳春雨

产地：

浙江省武义县。

◎**干茶**

外形：形似松针，嫩绿稍黄。

气味：气清而味幽远，具有独特的兰花清香。

手感：柔韧光滑。

茶叶介绍

　　武阳春雨茶产于浙江省武义县，是1994年由武义县农业局研制开发的名茶，问世以来屡获殊荣，1999年获全国农业行业最高奖99中国国际博览会"中国名牌产品"。

　　武义地处浙中南，境内峰峦叠翠，环境清幽，四季分明，雨量充足，无霜期长，植茶条件优越，茶叶自然品质"色、香、味、形"独特，具有独特的兰花清香，享有盛誉。

　　武阳春雨茶形似松针丝雨，色泽嫩绿稍黄，香气清高幽远，滋味甘醇鲜爽者为最佳品。

◎**茶汤**

香气：清高幽远。

汤色：清澈明亮。

口感：甘醇鲜爽。

◎**叶底**

叶底嫩绿。

茶叶小趣闻

据《浙江省茶叶志》记载，唐朝武成（武义）县是浙江42个产茶县之一。宋以后，武义茶叶更是声名在外。

到了明清至民国时期，武义种茶、制茶更是兴盛一时。1520年修订的正德《武义县志》里说，武义茶叶已列为明代岁贡。清康熙《武义县志》说，"武义茶，宝泉、古莱山二处佳。"

后来由于战乱，茶叶面积与产量锐减。改革开放后，武义茶叶生产重新焕发生机，茶园面积和产量大幅度提高，而且恢复传统名茶的研制和生产。1994年，"武阳春雨"研制成功，同时出现了"金山翠剑""郁清香""汤记高山茶"等名茶品牌。

贮藏

现在家用冰箱已非常普及，采用冰箱低温冷藏武阳春雨是一个好办法，不仅简便可靠，而且效果明显。买回的小包装茶，如茶叶数量少而很干燥，也可用两层防潮性能好的薄膜袋包装密封好，放在冰箱中，至少可保存半年基本不变质。

 # 天目青顶

◎**干茶**

外形：挺直成条，翠绿油润。
气味：带有茶叶的久远的清香
气味。
手感：茶叶肥厚，带有芽毫，
手感丰盈。

产地：

浙江省临安天目山。

茶叶介绍

天目青顶，又称天目云雾茶，产于浙江天目山，为历史名茶之一，也是在国际商品评比中获得过金奖的绿茶上品，一直是外销有机茶，并在欧洲茶叶市场有较高知名度。

天目山古木参天，山峰灵秀，终年云雾缭绕，非常适合茶树生长。天目茶成品外形紧结略扁，冲泡后，汤色清澈明净，清香持久。

诗僧皎然在品饮天目青顶茶后，赞曰："头茶之香远胜龙井"。天目青顶制作工艺精细，原料上乘，是色、香、味俱全的茶中佳品。

◎**茶汤**

香气：清香持久。
汤色：浅黄明净。
口感：鲜醇爽口。

◎**叶底**

成朵匀整。

茶叶小趣闻

相传朱元璋起兵反元，屯兵在昌西大明山。这年春末夏初，军营中发生时疫，军医们束手无策。军师刘伯温奉命外出寻找灵丹妙药。

这一日，来到东天目山脚东坑村，因天气太热而中暑晕倒，被一名姓郎的老农挽扶到家中，端来一碗热气腾腾的香茶。刘伯温呷了一口，清香扑鼻，妙不可言，当即暑气便去了三分。再看看碗里，朵朵翠绿的茶叶如含苞欲放的花儿，心情十分舒畅，一碗茶"咕咚、咕咚"几声，全下肚了，顿时精神大振，连连称赞道："好茶，好茶！"

郎老汉告诉刘伯温："这茶还大有来头呢，据说当年神农氏在这一带尝百草，就住在西坑（今太湖源、神龙川一带），用西坑水泡此茶，能解百毒，至今那里的神农庙中还记载着此事。"

刘伯温一听大喜，忙央求郎老汉卖几斤茶给自己带回军中试试。郎老汉二话不说，称了两斤送给刘伯温，分文不取。回营后，刘伯温将这两斤茶叶泡了给众军士喝，果然很快都痊愈了。他又将从西坑溪中舀来的一罐水煮沸后泡茶献给朱元璋，竟顺便治好了他多年的眼疾。

几年后，朱元璋在南京登基做了皇帝，第一件大事就是下旨将东坑茶叶封为贡茶。从此，东坑茶叶西坑水便闻名天下。历经明清两朝，到乾隆皇帝第三次下江南时，又将东坑茶叶命名为"天目青顶"。

贮藏

日常生活中，天目青顶茶一定要保持干燥并冷藏，且远离有异味的东西，才不会变质。

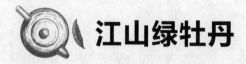 # 江山绿牡丹

◎ **干茶**

外形：白毫显露，色泽翠绿。
气味：带有淡淡的茶叶幽香。
手感：有茸毛感。

产地：

浙江省江山市仙霞岭北麓的裴家地、龙井等地。

茶叶介绍

江山绿牡丹始制于唐代，北宋文豪苏东坡誉之为"奇茗"，明代列为御茶。江山绿牡丹产于江山市境内仙霞岭北麓，茶的色泽翠绿，形态犹如牡丹而名"江山绿牡丹"。

仙霞岭一带山高雾重，漫射光多，雨量充沛，土壤肥沃，有机质含量丰富，适宜茶树生长。茶树芽叶萌发早，芽肥叶厚，持嫩性强，一般于清明前后采摘一芽，一、二叶初展。以传统工艺制作，经摊放、炒青、轻揉、理条、轻复揉、初烘、复烘等工序。加工过程中"一人炒制，一人从旁扇之"。

◎ **茶汤**

香气：香气清高。
汤色：碧绿清澈。
口感：鲜醇爽口。

◎ **叶底**

嫩绿明亮。

茶叶小趣闻

江山绿牡丹茶，原名仙霞化龙茶。仙霞化龙茶即当地的仙霞山茶，这名因仙霞人好客为明正德皇帝献山茶而来。

相传明代正德年间，明武宗朱厚照巡视江南时，途经仙霞山。仙霞人热情好客，只要见有人路过，不分年长与年少，不论尊卑，都热情地献上仙霞山茶为客人解渴解乏。

明武宗朱厚照没带仪仗卫队，微服只带几名随从。朱厚照走得口渴，仙霞村民为朱厚照献上滚热的仙霞山茶。朱厚照一连喝下几杯香美可口的仙霞山茶，大声赞叹："好绿茗！好绿茗！"赐名"绿茗"，并指定为贡茶。

此外，据史料记载：宋代大诗人苏东坡在元祐七年（1092年）任定州（今保定所辖定州市）太守。翌年被贬，在贬徙惠州时，当时任杭州法曹（司法官吏）的毛滂是江山人，与苏东坡为好友，特以仙霞山茶相赠苏东坡。苏东坡品饮后，倍加赞扬，至信毛滂说："寄示奇茗极精而丰，南来未始得也。"

苏东坡的另一位诗友毛正仲也为江山人，他也曾送与苏东坡仙霞山茶，苏东坡戏诗云："禅窗丽午景，蜀井出冰雪。坐客皆可人，鼎器手自洁。金钗候汤眼，鱼蟹亦应诀。遂令色香味，一日备三绝。报君不虚授，知我非轻啜。"

贮藏

江山绿牡丹茶一定要保存在密封、干燥、低温的环境中，才不会使之变质。可用有双层盖子的罐子贮存，以纸罐较好，其他锡罐、马口铁罐等都可以。

115

 # 无锡毫茶

◎ **干茶**

外形：肥壮卷曲，翠绿油润。
气味：清高悠长，久久不散。
手感：肥嫩。

产地：

江苏省无锡市郊区。

茶叶介绍

无锡毫茶是江苏名茶中的新秀，以一芽一叶初展、半展为主体，经杀青、揉捻、搓毛、干燥等工序精制而成。

无锡毫茶在历次参加名茶和优质食品评比中多次获奖，1991年在杭州国际茶文化节上被授予"中国文化名茶"称号。

无锡毫茶以高产优质的无性系良种茶树的幼嫩茶叶为原料，属于全炒特种高档绿茶。无锡毫茶鲜叶原料标准分为四级，一级以一芽一叶初展为主，二级以一芽一叶半开展为主，三级以一芽一叶开展为主，四级以一芽二叶初展为主；夏秋茶以一芽二叶开展为主。

◎ **茶汤**

香气：香气清高。
汤色：绿而明亮。
口感：鲜醇爽口。

◎ **叶底**

嫩绿匀齐。

茶叶小趣闻

无锡茶文化历史悠久，早在明代就有惠山寺僧植茶的记载。著名的"天下第二泉"惠山泉更像一颗明珠，为无锡茶文化增添了一道璀璨的光彩。

据《无锡金匮县志》记载，明代惠山寺僧人普真在惠山山麓植松种茶，明洪武二十八年（1395年），普真请湖州竹工编制了一个烹泉煮茶的竹炉，里面填土，炉心装铜栅，用松树煮二泉水泡茶，招待文人雅士。名士纷纷为竹炉题诗作画吟唱，记为文坛雅事。明画家王绂就画有"竹炉煮茶图"，明王问的"煮茶图"和清代董诰的"复竹炉煮茶图"亦绘制了竹炉煮茶之雅事。

贮藏

无锡毫茶一定要保存在密封、干燥、低温的环境中。此外，茶叶需要避光保存，因为阳光会促进绿茶茶叶色素及酯类物质的氧化，将叶绿素分解成为脱镁叶绿素，使茶叶变质。应将茶叶放在避光环境中，不要贮存在透明的容器中，如玻璃容器或透明塑料袋，以免透光性太好使绿茶茶叶品质变坏。

舒城兰花

◎ **干茶**

外形：卷曲如钩，翠绿匀润。

气味：有一种独特的兰花香气。

手感：鲜嫩，光滑。

产地：

安徽省舒城县。

茶叶介绍

舒城兰花为历史名茶，创制于明末清初，我国安徽舒城、通城、庐江、岳西一带生产兰花茶。

兰花茶得名有两种说法：一是芽叶相连于枝上，形似一枚兰草花；二是茶叶采制时正值山中兰花盛开，茶叶吸附兰花香，故而得名。

舒城兰花外形芽叶相连似兰草，色泽翠绿，匀润显毫。冲泡后如兰花开放，枝枝直立杯中，有特有的兰花清香，俗称"热气上冒一支香"。

◎ **茶汤**

香气：鲜爽持久。

汤色：嫩绿明净。

口感：甘醇鲜香。

◎ **叶底**

黄绿匀整。

象棋云雾

◎干茶

外形： 紧细微曲，翠绿油润。

气味： 香气馥郁，带有蜜糖花香。

手感： 滑嫩，有紧细感。

产地：

广西壮族自治区昭平县象棋山。

茶叶介绍

象棋云雾是广西壮族自治区特种名茶之一，产于广西昭平县文竹与仙回乡间的象棋山。

象棋云雾质地细嫩，清明前后开采，主要工艺是鲜叶摊青、高温杀青、过筛散热、初揉成条、烘干失水、复揉紧条、滚炒造形、文火足干等工序。

象棋云雾饮之齿颊留芳，沁人心脾，解暑消炎，强身益寿，确有高山云雾茶的特色。

◎茶汤

香气： 香味馥郁。

汤色： 嫩绿清澈。

口感： 鲜爽回甘。

◎叶底

黄绿明亮。

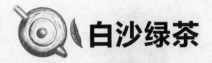 # 白沙绿茶

◎干茶

外形：紧结匀整，绿润有光。

气味：闻起来有持久、清远的香气。

手感：粗糙。

产地：

海南省白沙黎族自治县。

茶叶介绍

　　白沙绿茶为新创名茶，是选取海南和云南多种茶树嫩度、净度、新鲜度一致符合规定标准的鲜叶为原料，经过摊放、杀青、揉捻、干燥等工序制成的。

　　最好的白沙绿茶产自白沙农场的陨石冲击坑，因其生物活性较强，有机质及矿物质含量高，因此产出的茶叶更加肥硕鲜嫩，内含物也较为丰富。

　　白沙绿茶冲泡后香气清高持久，滋味浓醇鲜爽，饮后回甘留芳，连续冲泡品茗时具有"一开味淡二开吐，三开四开味正浓，五开六开味渐减"的耐冲泡性。

◎茶汤

香气：清香持久。

汤色：黄绿明亮。

口感：浓醇鲜爽。

◎叶底

细嫩匀净。

 # 午子仙毫

产地：

陕西西乡县午子山。

茶叶介绍

　　午子仙毫为名优绿茶，产于陕西省西乡县南道教圣地午子山，是西乡县茶叶科技人员研制开发的国家级名优绿茶。

　　鲜叶于清明前至谷雨后10天采摘，以一芽一二叶初展为标准，经摊放、杀青、清风揉捻、初干做形、烘焙、摊凉、拣剔等七道工序加工而成。

　　午子仙毫茶富含天然锌、硒等微量元素，是陕西省政府外事礼品专用茶，人称"茶中皇后"。

◎干茶

外形： 状似兰花，翠绿鲜润。
气味： 散发着鲜嫩茶叶的芬芳。
手感： 微扁，手感平滑。

◎茶汤

香气： 清香持久。
汤色： 清澈明亮。
口感： 醇厚爽口。

◎叶底

芽匀成朵。

第四章

华美优雅的红茶

红茶起源于中国福建武夷山，
滋味甘醇厚甜，在世界范围内广受好评。
作为红茶的故乡，中国有着世界上最广泛的产区，
主要分布在福建、云南、湖南等地。

红茶的鼻祖在中国，世界上最早的红茶由中国福建武夷山茶区的茶农发明，名为"正山小种"。

认识红茶

红茶属于全发酵茶类，是以茶树的芽叶为原料，经过萎凋、揉捻（切）、发酵、干燥等典型工艺精制而成。因其干茶色泽和冲泡的茶汤以红色为主调，故名红茶。

红茶的种类较多，产地较广。其中祁门红茶闻名天下，工夫红茶和小种红茶处处留香。中国红茶品种主要有金骏眉、正山小种、祁门红等。

红茶的分类

 小种红茶

　　小种红茶是最古老的红茶，同时也是其他红茶的鼻祖，其他红茶都是从小种红茶演变而来的。小种红茶分为正山小种和外山小种，均原产于武夷山地区。

　　正山小种：产于武夷山市星村镇桐木关一带，所以又称为"星村小种"或"桐木关小种"，其干茶外形条索肥实，色泽乌润，泡水后汤色红浓，香气高长，带松烟香。

　　外山小种：福建的政和、坦洋、北岭、屏南、古田等地所产的仿照正山品质的小种红茶，品质不及正山小种，统称"外山小种"。凡是武夷山中所产的茶，均称作正山，而武夷山附近所产的茶称外山。

工夫红茶

　　我国有十二个省先后生产工夫红茶，按地区命名的有滇红工夫、祁门工夫、宁红工夫、湖红工夫、闽红工夫（含坦洋工夫、白琳工夫、政和工夫）、越红工夫、江红工夫、粤红工夫及台湾工夫等。按品种又分为大叶工夫和小叶工夫。大叶工夫茶是以乔木或半乔木茶树鲜叶制成的；小叶工夫茶是以灌木型小叶种茶树鲜叶为原料制成的。

红碎茶

　　红碎茶按其外形又可细分为叶茶、碎茶、片茶、末茶四种花色，其在国内的产地分布较广，遍及云南、广东、海南、广西，主要供出口，较为著名的有滇红碎茶和南川红碎茶。红碎茶可直接冲泡，也可包成袋泡茶后连袋冲泡。

选购红茶的窍门

看外形：好的红茶茶芽较多，小叶种红茶条形细紧，大叶种红茶肥壮紧实，色泽乌黑有油光，茶条上金色毫毛较多。

看颜色：汤色红艳，碗壁与茶汤接触处有一圈金黄色的光圈。

闻味道：上等红茶香气浓郁。

看产地：购买红茶前，先要了解红茶的产地，每个产地不同茶区生产的茶叶及调制方法不同，口味也不同。

红茶茶艺展示

冲泡红茶宜选用精美的细花瓷壶和细瓷杯并配以瓷茶盘为组合，或使用盖碗，这样比较温馨并富有情趣；红茶冲泡的水温为90～95℃，这样可以"以高温冲出茶香"。红茶茶汤汤色红亮，滋味浓厚鲜爽，甘醇厚甜，口感柔嫩滑顺。

扫一扫学茶艺

1.备具

准备好白瓷壶、品茗杯、公道杯、茶滤、茶荷、茶道组、水壶、茶巾、茶盘。

2.洁具

用热水烫洗一遍茶具，同时可以起到温杯的作用，杯温的升高还有利于散发茶香。

3.赏茶

泡茶之前先请客人观赏干茶的茶形、色泽，还可以闻闻茶香。

4.置茶

用茶则将茶叶拨入白瓷壶中。

5.温润泡

白瓷壶中倒入90℃的开水，将茶水通过茶滤注至公道杯中，最后倒入品茗杯中，弃茶水不用，主要起到润湿茶叶和再次烫洗杯具的作用，也称作洗茶。

6.正式冲泡

白瓷壶中倒入开水，将茶水通过茶滤注至公道杯中。

7.分茶

将公道杯中的茶汤一一分到各个品茗杯中。

8.闻香

品饮前，可闻香，红茶香气馥郁。

9.品茶

红茶入口后，滋味醇厚。

品鉴红茶

　　红茶干茶经过完全发酵，茶叶内含的物质完全氧化，因此干茶色泽乌黑润泽。红茶干茶条索匀整或颗粒均匀；红茶茶汤汤色红亮；滋味浓厚鲜爽，甘醇厚甜，口感柔嫩滑顺；叶底整齐，呈褐色。

　　每款红茶味道都是不一样的。正山小种有着非常浓烈的松烟香味，品尝后有独特的桂圆香，冲泡五六次后依然有余味；而祁红有着独特的玫瑰花香，香气高远，味道甘爽，适合清饮，冲泡奶茶也不减茶味，是英国皇室最爱的红茶；滇红的外形肥壮，带有金毫，滋味香浓、醇厚……一般来说，质量越好、价格越高的红茶，味道越好。

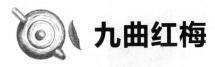 # 九曲红梅

产　地：

浙江省杭州西湖区周浦乡。

茶叶介绍

九曲红梅简称"九曲红"，因其色红香清如红梅，故称九曲红梅，是杭州市西湖区另一大传统产品，是红茶中的珍品。

九曲红梅茶产于西湖区周浦乡的湖埠、上堡、大岭、张余、冯家、灵山、社井、仁桥、上阳、下阳一带，尤以湖埠大坞山所产品质最佳。

九曲红梅采摘标准要求一芽二叶初展；经杀青、发酵、烘焙而成，关键在发酵、烘焙。

◎ 干茶

外形：弯曲如钩，乌黑油润。

气味：高长而带松烟香般的气味。

手感：茶叶条索疏松，手感较差。

◎ 茶汤

香气：香气芬馥。

汤色：红艳明亮。

口感：浓郁回甘。

◎ 叶底

红艳成朵。

宜兴红茶

◎ **干茶**

外形：紧结秀丽，乌润显毫。

气味：隐显玉兰花香。

手感：匀细。

产地：

江苏省宜兴市。

茶叶介绍

宜兴红茶，又称阳羡红茶，又因其兴盛于江南一带，故享有"国山茶"的美誉。

在品种上，人们了解较多的一般都是祁红以及滇红，再细分则有宜昌的宜红和小种红茶。在制作上则有手工茶和机制茶之分。

宜兴红茶源远流长，唐朝时已誉满天下，尤其是唐朝年间有"茶圣"之称的卢全也曾有诗句云"天子未尝阳羡茶，百草不敢先开花"，则将宜兴红茶的文化底蕴推向了极致。

新中国成立后，特别是改革开放以来，宜兴的茶叶生产得到了较快的发展，茶园面积从建国初期的1万多亩发展到现在的7.5万亩，茶园面积、茶叶产量均居江苏省之首。2002年，宜兴成为全国首批20个无公害茶叶生产示范基地市（县）之一。

◎ **茶汤**

香气：清鲜纯正。

汤色：红艳鲜亮。

口感：鲜爽醇甜。

◎ **叶底**

鲜嫩红匀，稍暗者为佳。

茶叶小趣闻

江苏宜兴，古称阳羡。宜兴产茶历史久远，古时就称之为阳羡贡茶、毗陵茶、阳羡茶。据《宜兴县志》载，此茶的创始人是一位叫潘三的农民，后来被尊之为宜兴的"土地神"。宋代胡仔在《苕溪渔隐丛话》中引"重修义兴茶舍记"：有一位和尚把阳羡山中产的野茶送给当时的常州太守李栖筠，经他请陆羽鉴定后，建议当作佳物进贡给唐代宗皇帝，时间是大历年间（766年左右）。仅次于陆羽的"茶仙"诗人卢仝写下了"天子未尝阳羡茶，百草不敢先开花"的咏茶名句，明末清初刘继庄的《广阳杂记》记有"天下茶品，阳羡为最"。

唐武宗年间，阳羡贡茶数量达到18400斤。曾在宜兴居住的著名诗人杜牧在《题茶山》诗中，也写下了"山实东南秀，茶称瑞草魁；泉嫩黄金涌，芽香紫壁裁"的名句。

宋代阳羡茶不仅深受皇亲国戚的偏爱，而且得到文人雅士的喜欢。多次到宜兴并打算"买田阳羡，种橘养老"的大文豪苏轼，留下了"雪芽为我求阳羡，乳水君应饷惠泉"的咏茶名句。

清代的几百年间，随着经济发展和社会变迁，宜兴茶业起起落落，但上层名流、文人雅士，仍然十分喜好阳羡茶，并由饮茶而推崇紫砂壶，使紫砂壶达到鼎盛时期。

贮藏

宜兴红茶属全发酵茶，一般不用放在冰箱中冷冻，将密封好的茶叶罐放在室内的阴凉处即可。一定要注意避光，以防止叶绿素和其他成分发生光催化反应，引起茶叶氧化变质。虽然宜兴红茶对温度等环境要求不是太高，但是贮存宜兴红茶的环境还是需要低于18℃。

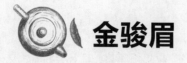 # 金骏眉

产地：

福建省武夷山市。

茶叶介绍

金骏眉，于2005年由福建武夷山正山茶业首创研发，是在正山小种红茶传统工艺基础上，采用创新工艺研发的高端红茶。该茶茶青为野生茶芽尖，摘于武夷山国家级自然保护区内海拔1200～1800米高山的原生态野茶树，是可遇不可求之茶中珍品。其外形黑黄相间，乌黑之中透着金黄，显毫香高。

金骏眉干茶条索匀称紧结，每一条茶芽条索的颜色都是黑色居多，略带金黄色，绒毛较少是为上品。

金骏眉为纯手工红茶，一般不用洗茶，在冲泡前用少量温水进行温润后，再注水冲泡，口味更佳。建议选用红茶专用杯组或者高脚透明玻璃杯，这样在冲泡时既可以享受金骏眉茶冲泡时清香飘逸的茶香，又可以欣赏金骏眉芽尖在水中舒展的优美姿态。

◎ 干茶

外形：圆而挺直，金黄油润。
气味：带有复合型的花果香。
手感：重实。

◎ 茶汤

香气：清香悠长。
汤色：金黄清澈。
口感：甘甜爽滑。

◎ 叶底

呈金针状。

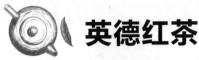

英德红茶

◎干茶

外形：细嫩匀整，乌黑油润。

气味：带有茶叶固有的香气却不夹杂青腥气味或其他异味。

手感：叶片有锯齿，手感比较粗糙。

产地：

广东省英德市。

茶叶介绍

英德红茶，简称"英红"，始创于1959年，由广东英德茶厂所创制。但是，英德种茶历史可追溯到距今1200多年前的唐朝。

据唐代陆羽所著《茶经·八之出》（764年）载："岭南生福州、建州、韶州、象州，往往得之，其味极佳。"

英德红茶以云南大叶种和凤凰水仙茶为基础，选取一芽二叶、一芽三叶为原料，经过萎凋、揉切、发酵、烘干等多道工序制成，具有香高味浓的品质特色。

英德红茶共分为叶、碎、片、末四种形态，以金毫茶为红茶之最。

◎茶汤

香气：鲜纯浓郁。

汤色：红艳明亮。

口感：浓厚甜润。

◎叶底

柔软红亮。

 # 正山小种

◎**干茶**

外形：紧结匀整，铁青带褐。
气味：带有天然花香。
手感：油润。

产地：

福建省武夷山市。

茶叶介绍

　　正山小种红茶，是世界红茶的鼻祖，又称拉普山小种，是中国生产的一种红茶，茶叶是用松针或松柴熏制而成，有着非常浓烈的香味。因为熏制的原因，茶叶呈黑色，但茶汤为深红色。正山小种产地在福建省武夷山市，受原产地保护。正山小种红茶是最古老的一种红茶，后来在正山小种的基础上发展了工夫红茶。

　　正山小种红茶冲泡后汤色呈深金黄色，有金圈为上品，汤色浅、暗、浊为次之。滋味要求持一股纯、醇、顺、鲜松烟香，茶味醇厚，以桂圆干香味回甘久长为好，淡、薄、粗、杂滋味是较差的，叶底看叶张嫩度柔软肥厚、整齐、发醉均匀呈古铜色是高档茶。

◎**茶汤**

香气：细而含蓄。
汤色：橙黄清明。
口感：醇厚味甘。

◎**叶底**

肥软红亮。

茶叶小趣闻

明隆庆二年，公元1568年，因时局动乱不安，且桐木是外地入闽的咽喉要道，因而时有军队入侵。有一次，一支军队从江西进入福建过境桐木，占驻茶厂，茶农为躲避战争逃至山中。躲避期间，待制的茶叶因无法及时用炭火烘干，过度发酵产生了红变。随后，茶农为挽回损失，采用易燃松木加温烘干，形成既有浓醇松香味，又有桂圆干味的茶叶品种，这就是历史上最早的红茶，又称之为"正山小种红茶"。

1662年葡萄牙公主凯瑟琳嫁给英皇查理二世时带去几箱中国正山小种红茶作为嫁妆，带入英国皇宫，据传英国皇后每天早晨起床后第一件事，就是先要泡一杯正山小种红茶，为此正山小种红茶成为贵重的珍品。随后，安妮女王提倡以茶代酒，将茶引入上流社会，为此正山小种红茶作为当时的奢侈品，后逐渐演化成下午茶。从此喝红茶成了英国皇室家庭生活的一部分。由于英国皇室成员对茶的热爱，塑造了茶高贵华美的形象。

贮藏

正山小种红茶保管简易，只要常规常温密封保存即可。因其是全发酵茶，一般存放一两年后松烟味会进一步转换为干果香，滋味变得更加醇厚而甘甜。茶叶越陈越好，陈年（三年）以上的正山小种味道特别的醇厚、回甘。

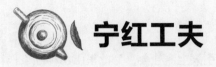

宁红工夫

◎ **干茶**

外形：紧结秀丽，乌黑油润。
气味：香醇而持久。
手感：丰厚。

产地：

江西省修水县。

茶叶介绍

宁红工夫茶，属于红茶类，是我国最早的工夫红茶之一。远在唐代时，修水县就已盛产茶叶，生产红茶则始于清朝道光年间，到19世纪中叶，宁州工夫红茶已成为当时著名的红茶之一。修水古称宁州，所产红茶取名宁红工夫茶，简称宁红。

修水县位于江西省西北部，北抵幕阜山脉，南临九岭水脉，修水上游，修河蜿蜒其中。邻接湖北、湖南两省。这里山林苍翠，土质肥沃，雨量充沛。气候温和，每年春夏之间，云凝深谷，雾绕山岗奇峰，两岸翠峰叠嶂，佳木葱郁，云海缥渺，兼之土壤肥沃，蔚为奇景，雨过乍晴，阳光疏落。这种气候环境非常有利于茶树的生长，为宁红工夫茶生长创造了得天独厚的自然条件。

◎ **茶汤**

香气：香味持久。
汤色：红艳清亮。
口感：浓醇甜和。

◎ **叶底**

红亮匀整，红嫩多芽。

茶叶小趣闻

修水有千余年的产茶历史。后唐清泰二年（935年），毛文锡所著《茶谱》载："洪城双井白芽，制作极精。"至两宋，更蜚声国内。北宋黄庶、黄庭坚父子将家乡精制"双井茶"推赏京师，赠京师名士苏东坡等，一时名动京华。欧阳修《归田录》誉为"草茶第一"。南宋嘉泰四年（1204年），隆兴知府韩邈奏曰："隆兴府惟分宁产茶，他县无茶。"当时年产茶200余万斤，"双井""黄龙"等茶皆称绝品。光绪十八年至二十年（1892～1894年），宁红茶在国际茶叶市场上步入鼎盛时期，每年输出30万箱（每箱25公斤）。光绪三十年，宁红茶输出达30万担。那时县内茶庄、茶行多达百余家，列茶业者甚多，较有名气的有振植公司、吉昌行、大

吉祥、怡和福、恒丰顺、广兴隆、正大祥、恒春行、同天谷行等，全县出口茶占全国总数十分之一强。

吴觉农先生曾讲述1934年他到英国伦敦考察，当时伦敦市场茶叶小包装，外面写的是宁州红茶，但里面装的是我国祁门等地红茶。由此可见当时宁红昌盛非凡。19世纪30年代后，随着印度、锡兰、日本茶业的兴起，加上帝国主义入侵，宁红受到严重摧残，外销濒临绝境。

新中国成立后，宁红茶得以迅速发展。现面积达10万余亩，一批批新的高额丰产茶园正在茁壮成长，茶叶初制厂遍布各乡。在1985年全国优质食品评比会上博得专家高度赞誉，荣获国家银质奖。1988年在中国首届食品博览会上评选为金奖。

贮藏

日常饮用的宁红工夫茶一定要保存在密封、干燥、常温的环境中，才不会变质。家庭储藏宁红工夫茶时可以将其放入冰箱冷藏室内，但应注意不可与有刺激性味道的食物同时储藏。

137

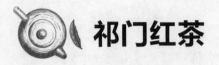 # 祁门红茶

◎ **干茶**

外形：条索紧细纤秀，乌黑油润。

气味：馥郁持久，纯正高远。

手感：细碎零散，略显轻盈。

产地：

主产于安徽省祁门县，石台、东至、黟县、贵池等县也有少量生产。

茶叶介绍

工夫红茶是中国特有的红茶。祁门红茶是中国传统工夫红茶中的珍品。祁门红茶以外形苗秀，色有"宝光"和香气浓郁而著称，享有盛誉。祁门红茶于1875年创制，有百余年的生产历史，是中国传统出口商品，也被誉为"王子茶"，还被列为我国的国事礼茶，与印度的大吉岭红茶、斯里兰卡的乌瓦红茶并称为"世界三大高香茶"。

祁门红茶的品质超群，与其优越的自然生态环境条件是分不开的。祁门多山脉，峰峦叠嶂、山林密布、土质肥沃、气候温润，而茶园所在的位置有天然的屏障，有酸度适宜的土壤，丰富的水分，因此能培育出优质的祁门红茶。

◎ **茶汤**

香气：带兰花香，清香持久。

汤色：红艳透明。

口感：醇厚回甘，浓醇鲜爽，带有蜜糖香味。

◎ **叶底**

叶底嫩软，鲜红明亮。

茶叶小趣闻

祁门产茶创制于光绪年（1875年），已有百余年的生产历史，可追溯到唐朝，茶圣陆羽在《茶经》中留下："湖州上，常州次，歙州下"的记载，当时的祁门就隶属歙州。清朝光绪以前，祁门生产绿茶，品质好，制法似六安绿茶，称为"安绿"。光绪元年（1875年），黟县人余干臣，从福建罢官回籍经商，在至德县（今东至县）尧渡街设立茶庄，仿照"闽红"制法试制红茶。1876年，余干臣从至德来到祁门，设立茶庄，扩大生产收购。继而在南路贵溪一带，也试制红茶成功。由于茶价高、销路好，人们纷纷响应改制，逐渐形成了"祁门红茶"。

贮藏

选用干燥、无异味、密闭的陶瓷坛，用牛皮纸包好茶叶，分置于坛的四周，中间放石灰袋一个，上面再放茶叶包，装满坛后用棉花包盖紧。石灰隔1~2个月更换一次，这样可利用生石灰的吸湿性能，使茶叶不受潮，贮藏效果较好。

 # 滇红工夫

产地：

云南省临沧市。

茶叶介绍

滇红工夫茶创制于1939年，属大叶种类型的工夫茶，以外形肥硕紧实、金毫显露和香高味浓的品质独树一帜，著称于世。尤以茶叶的多酚类化合物、生物碱等成分含量，居中国茶叶之首。

滇红工夫因采制时期不同，其品质具有季节性变化，一般春茶比夏、秋茶好。春茶条索肥硕，身骨重实，净度好，叶底嫩匀。夏茶正值雨季，芽叶生长快，节间长，虽芽毫显露，但净度较低，叶底稍显硬、杂。秋茶正处干凉季节，茶树生长代谢作用转弱，成茶身骨轻，净度低，嫩度不及春、夏茶。

滇红工夫冲泡后内质香郁味浓，香气高长，且带有花香。滇南茶区工夫茶滋味浓厚，刺激性较强；滇西茶区工夫茶滋味醇厚，刺激性稍弱，但回味鲜爽。

◎干茶

外形： 紧直肥壮，乌黑油润。

气味： 气味馥郁。

手感： 油润光滑。

◎茶汤

香气： 高醇持久。

汤色： 红浓透明。

口感： 浓厚鲜爽。

◎叶底

红匀明亮。

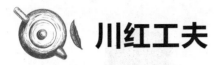

川红工夫

产地：

四川省宜宾市。

茶叶介绍

川红工夫是中国三大高香红茶之一，是20世纪50年代创制的工夫红茶。川红工夫精选本土优秀茶树品种种植，以提采法甄选早春幼嫩饱满芽叶精制而成。顶级产品以金芽秀丽、芽叶显露、香气馥郁、回味悠长为品质特征。川红工夫之珍品"早白尖"更是以条索紧细、毫锋显露、色泽乌润、香气鲜嫩浓郁的品质特点获得了人们的高度赞誉。

川红工夫为工夫红茶的后起之秀，以早、嫩、快、好的显著特点及优良品质获得了国际社会的高度赞誉。

川红工夫茶的采摘标准对芽叶的嫩度要求较高，基本上是以一芽二三叶为主的鲜叶制成。20世纪50~70年代，"川红"一直沿袭古代贡茶制法，具有浓郁的花果或橘糖香。

◎干茶

外形： 肥壮圆紧，乌黑油润。

气味： 清幽中带有橘糖香。

手感： 光滑。

◎茶汤

香气： 香气清鲜。

汤色： 浓亮鲜丽。

口感： 醇厚鲜爽。

◎叶底

厚软红匀。

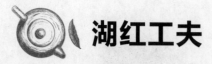
湖红工夫

◎ **干茶**

外形：条索紧结，色泽乌润。
气味：香高而味厚。
手感：茸滑。

产地：

湖南省益阳市安化县。

茶叶介绍

　　湖红工夫是中国历史悠久的工夫红茶之一，对中国工夫茶的发展起到十分重要的作用。湖南省也是我国茶叶的发祥地之一，《汉志》有"茶陵以山谷产茶而名之"的记载，茶陵也称"茶王城"，绕城而过的洣水亦称为"茶水"。茶学泰斗吴觉农先生指出："湖南可以生产出和祁门、宜昌一样为国外所欢迎的高香红茶。"

　　湖红工夫茶主产于湖南省安化、桃源、涟源、邵阳、平江、浏阳、长沙等县市，湖红工夫以安化工夫为代表，外形条索紧结肥实，香气高，滋味醇厚，汤色浓，叶底红稍暗。

　　湖红工夫茶主要产地安化等一带位于湘西的中地段。那里处于雪峰山脉，两岸山峰沅水经流。遍地的茶树不种自生。

◎ **茶汤**

香气：香高持久。
汤色：红浓尚亮。
口感：醇厚爽口。

◎ **叶底**

嫩匀红亮。

茶叶小趣闻

据史料记载，清咸丰四年（1854年）广东茶商来新化收购红条茶并指导生产加工，新化茶远销美英俄等国。说明早在此前已生产红茶。

清咸丰八年（1858年）首先在安化改制，临湘继之。据同治《安化县志》（1871年）载："洪（秀全）杨（秀清）义军由长沙出江汉间。卒之；通山茶亦梗，缘此估帆（指茶商）取道湘潭抵安化境倡制红茶收买，畅行西洋等处。称曰广庄，盖东粤商也。"又载："方红茶之初兴也，打包封箱，客有昌称武夷茶以求售者。熟知清香厚味，安化固十倍武夷，以致西洋等处无安化字号不买。"

同治《巴陵县志》（1872年）载有"道光二十三年（1843年）与外洋通商后，广人携重金来制红茶，农人颇享其利。日晒，色微红，故名'红茶'。"同治《平江县志》（1874年）载有："道光末，红茶大盛，商民运以出洋，岁不下数十万金。"

贮藏

将待藏茶叶用软白纸包好后，外扎牛皮纸包好，置于坛内四周，中间嵌入1~2只石灰袋，再在上面覆盖已包装好的茶包，如此装满为止。装满坛子后，用数层厚草纸密封坛口，压上厚木板，以减少外界空气进入。

坦洋工夫

◎ **干茶**

外形：紧细匀直，乌润有光。

气味：香味醇正，沁人心脾。

手感：茸毛居多，手感柔软。

产地：

福建省福安市坦洋村。

茶叶介绍

　　坦洋工夫为历史名茶，是福建三大工夫红茶之一。

　　坦洋工夫选取每年4月上旬一芽二叶或一芽三叶的嫩叶为原料，经过萎凋、揉捻、发酵、干燥等一系列工序制作而成。

　　随着时代的变迁，坦洋工夫的制作工艺手法也与时俱进，不断寻求创新，但仍旧注重保留其"坦洋工夫"红茶的品质特征。

　　坦洋工夫冲泡后滋味浓醇鲜爽，醇甜、有桂圆香气，汤色红亮，叶亮红明，饮之回味无穷。

◎ **茶汤**

香气：香高持久。

汤色：红艳明亮。

口感：醇厚甘甜。

◎ **叶底**

叶亮红明。

茶叶小趣闻

明末清初坦洋村胡福田以独特的方法开始配制坦洋工夫茶成功。清咸丰、同治年间（1851～1874年），"坦洋工夫"红茶开始对外贸易，经广州销往欧美各国。此后茶商纷纷入山求市，接踵而来并设洋行，周围各县茶叶亦渐云集坦洋，"坦洋工夫"的名声也就不胫而走。

据载，1881～1936年的50余年，坦洋工夫茶每年出口近千吨，其中光绪七年出口量达到2100多吨，为历史上出口茶叶最多的年份，当时知名茶行有万兴隆、丰泰隆、宜记、祥记等36家，雇工3000多人，茶界收条范围上至政和县的新村，下至霞浦县的赤岭，方圆数百里，境跨七八个县。

由于抗日战争爆发，坦洋工夫的销路受阻，生产亦遭重创，以致产量锐减。50年代中期，为了能恢复品质，在坦洋当地，先后建立了国营坦洋、水门红茶初制厂和福安茶厂，实行机械化制茶；1960年，坦洋工夫产量增加到2500吨，后因茶类布局的变更，由"红"改"绿"，使产量方面尚存无已。近些年来，经有关部门的努力，坦洋工夫已得到较快恢复和发展。2009年2月，坦洋工夫红茶被北京奥运经济研究会、福建省茶叶学会联合评为"中国申奥第一茶"。

贮藏

日常生活中，坦洋工夫茶一定要保存在密封、干燥、低温的环境中，才不会变质。

 # 政和工夫

◎ **干茶**

外形：条索肥壮，乌黑油润。

气味：有一股颇似紫罗兰的香气。

手感：轻盈，质感较好。

产地：

福建省政和县。

茶叶介绍

　　政和工夫茶为福建省三大工夫茶之一，亦为福建红茶中最具高山品种特色的条形茶。原产于福建北部，以政和县为主产区。政和工夫以大茶为主体，扬其毫多味浓之优点，又适当拼以高香之小茶，因此高级政和工夫体态特别匀称，毫心显露，香味俱佳。

　　政和工夫按品种分为大茶、小茶两种。大茶是采用政和大白条制成，是闽红三大工夫茶中的上品，外形条索紧结肥壮，多毫，色泽乌润，内质汤色红浓，香气高而鲜甜，滋味浓厚，叶底肥壮尚红。小茶是用小叶种制成，条索细紧，香似祁红，但欠持久，汤稍浅，味醇和，叶底红匀。

◎ **茶汤**

香气：浓郁芬芳。

汤色：红艳明亮。

口感：醇厚甘爽。

◎ **叶底**

红匀鲜亮。

茶叶小趣闻

据传在南宋以前，茶为何物，政和当地群众并不知道。有一仙人路经此地，看到此处茶树生长茂盛，茶叶可制成茶中佳品，因而化为乞丐入村讨茶水喝，一村妇拿出一碗白开水，仙人认为这村妇太过吝啬，连一杯茶水也不给，但当他进一步问清，当地人竟连茶为何物都不知道，自家也是喝白开水，之后，仙人就带村民至茶树前，教其辨认茶叶，并教他们采摘和初制，村民泡饮之后，感到芳香扑鼻，入口回甘，饮后神清气爽，于是茶叶的制法从此流传了下来。

此外，据史料记载：徽宗政和五年（1115年），芽茶选作贡茶，喜动龙颜，徽宗皇帝乃将政和年号赐作县名，政和由此而来。同治十三年（1874年），江西茶商来政和倡制工夫红茶，轰动一时。光绪十五年（1896年），用大白茶所制的"政和工夫"红茶，成为闽红三大工夫茶之首，留洋苏联、欧美……享誉海外！

贮藏

日常生活中，政和工夫茶一定要保存在密封、干燥、常温的环境中，才不会变质。可用有双层盖子的罐子贮存，以纸罐较好。

 宜红工夫

◎干茶

外形：紧细秀丽，乌黑显亮。
气味：甜纯而清远。
手感：重实。

产地：
....
湖北省宜昌市。
....

茶叶介绍

宜红工夫茶属于红茶类，产于鄂西山区的鹤峰、长阳、恩施、宜昌等县，是湖北省宜昌、恩施两地区的主要土特产品之一。因其加工颇费工夫，故又称"宜红工夫茶"。宜红工夫茶条索紧细有毫，色泽乌润，香气甜纯，汤色红艳，滋味鲜醇，叶底红亮。高档茶的茶汤还会出现"冷后浑"的现象。

宜红工夫的制作工序有萎凋、揉捻、发酵、干燥四道，制选择分为初制和精制两个阶段。初制程序是指鲜叶、萎凋、揉捻（包括筛分、复揉）、发酵、干燥；精制程序分为3个工段13道工序。

◎茶汤

香气：栗香悠远。
汤色：红艳明亮。
口感：醇厚鲜爽。

◎叶底

红亮匀整。

茶叶小趣闻

宜昌红茶问世于19世纪中叶，至今有百余年历史。清道光年间，先由广东商人钧大福在五峰渔洋关传授红茶采制技术，设庄收购精制红茶，运往汉口再转广州出口。咸丰甲寅年（1854年）高炳三及尔后光绪丙子年（1876年）林紫宸等广东帮茶商，先到鹤峰县改制红茶，在五里坪等地精制，再出口，"洋人称为高品"。

1850年，俄商开始在汉口购茶，汉口开始单独出口。1861年汉口列为通商口岸，英国即设洋行大量收购红茶。因交通关系，由宜昌转运汉口出口的红茶，取名"宜昌红茶"，宜红因此而得名。1951年湖北省茶叶公司成立，后来，随着各地茶厂的建立，宜红的生产逐渐恢复和发展。目前，宜红产量约占湖北省茶叶总产量的1/3。

贮藏

宜红工夫茶一定要保存在密封、干燥、常温的环境中，才不会使之变质。可用陶罐存放茶叶。罐内底部放置双层棉纸，罐口放置二层棉布。

 # 黔红工夫

产地：

贵州省遵义市湄潭县。

茶叶介绍

　　黔红工夫是中国红茶的后起之秀，发源于贵州省湄潭县，于20世纪50年代兴盛，其原料来源于茶场的大叶型品种、中叶型品种和地方群体品种。

　　黔红工夫干茶色泽乌润或棕红。条索紧结、挺直；碎茶类颗粒紧结重实，片茶类皱折卷曲；末茶类呈沙粒状。

　　虽然目前黔红茶中以红碎茶的市场份额最大，但是，黔红工夫依然占据着重要的地位，其上品茶的鲜爽度和香味甚至可与优质的锡兰红茶相媲美。

　　黔红工夫冲泡后滋味浓、香气高锐、持久。常饮具有抗衰老、杀菌等作用。

◎干茶

外形： 肥壮匀整。

气味： 浓厚的蜜糖香。

手感： 轻盈匀嫩。

◎茶汤

香气： 清高悠长。

汤色： 红艳明亮。

口感： 甜醇鲜爽。

◎叶底

红艳明亮。

茶叶小趣闻

黔红是贵州红碎茶的简称，1958年，贵州将工夫红茶改成红碎茶，即"黔红"，直接由上海口岸进入国际市场。黔红工夫，曾被誉为茶海中的"秀芽丽人"。

据史料记载，早在秦汉时期贵州就有种茶、制茶和茶叶贸易。西汉的扬雄在《方言》中记载："蜀西南人，谓茶（即茶）曰蔎。"而汉代的蜀西南相当于现今的云贵川三省交界的部分地区，唐代陆羽在《茶经》中（758年）记载："黔中，生思州（今贵州务川、印江、沿河等县）、播州（遵义市及遵义、桐梓等县）、费州（德江东南一带）、夷州（今石阡县一带），往往得之，其味极佳。"根据上述史料记载，推算贵州产茶历史最少达2000年以上。

唐朝时，贵州就有向朝廷进贡茶叶。明清时期，贵州茶叶生产得到了进一步发展，茶区面积也进一步扩大。自19世纪70年代后，英、法资本掠夺，迫使贵州自然经济解体，但也促进了贵州茶叶生产和商品经济发展。新中国成立后，贵州茶业得到了迅速发展。

黔红主要产于湄潭、羊艾、花贡、广顺、双流等大中型专业茶场，其中，湄潭位于黔中丘陵区域，其生态环境得天独厚，选育了较多的小乔木优良茶树品种，很适宜发展黔红。

贮藏

黔红工夫茶一定要保存在密封、干燥、通风的环境中，才不会变质，可用干燥箱贮存茶叶。

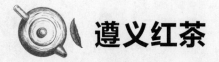 # 遵义红茶

◎**干茶**

外形：紧实细长，金毫显露。
气味：纯正悠远。
手感：紧实。

产地：

贵州省遵义市。

茶叶介绍

　　遵义红茶产于贵州省遵义市，属低纬度高海拔的亚热带季风湿润气候，土壤中含有锌等对人体有益的大量微量元素，是遵义红茶香高味浓的优良品质之源。

　　由于红茶在加工过程中发生了以茶多酚促氧化为中心的化学反应，使红茶具有红茶、红叶、红汤的特征。

　　遵义红茶冲泡后香气纯正、悠长、带果香。

　　遵义红茶能刮油解腻，促进消化，对于消化积食、清理肠胃更是有着十分明显的效果。

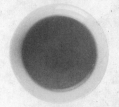

◎**茶汤**

香气：鲜甜爽口。
汤色：金黄清澈。
口感：喉润悠长。

◎**叶底**

呈金针状。

 # 信阳红茶

◎干茶

外形： 紧细匀整，乌黑油润。

气味： 带有"蜜糖香"的气味。

手感： 柔软均匀。

产地：

河南省信阳市。

茶叶介绍

信阳红茶，是以信阳毛尖绿茶为原料，选取其一芽二叶、一芽三叶优质嫩芽为茶坯，经过萎凋、揉捻、发酵、干燥等九道工序加工而成的一种茶叶新品。

信阳红茶属于新派红茶，它的滋味醇厚甘爽，发酵工艺苛刻，原料选用严格，具有"品类新、口味新、工艺新、原料新"的特点，其保健功效也逐渐受到人们的重视。

信阳红茶具有防龋、健胃养胃、助消化、促食欲、延缓衰老、降血压、降血糖、降血脂、抗癌、抗辐射、防治心梗等功效。

◎茶汤

香气： 醇厚持久。

汤色： 红润透亮。

口感： 绵甜厚重。

◎叶底

嫩匀柔软。

第五章

独具陈香的黑茶

黑茶历史悠久，产于云南、四川、广西等地，
品种丰富，其中以云南普洱茶最为著名。
黑茶具有红、浓、陈、醇的特点。
"红"指茶汤色透红，"浓"指茶味浓郁，
"陈"指陈香味，"醇"指滋味醇厚。

黑茶的历史至少可以追溯到唐朝后期的茶马互市，唐德宗贞元年间，约785~804年。

认识黑茶

黑茶因成品茶的外观呈黑色，故得名。黑茶属于六大茶类之一，属后发酵茶，由于采用的原料粗老，在加工制作过程中堆积发酵的时间也比较长，因此叶色多呈现暗褐色，故称为黑茶。

黑茶是压制最紧压茶的原料，因此也被称为紧压茶。黑茶是我国特有的茶叶品种，需要经过杀青、揉捻、渥堆、复揉、烘焙五道工序。在地域分布上，黑茶的产地有我国的湖南、四川、云南、广西壮族自治区，品种主要有湖南黑茶、四川黑茶、云南普洱茶等。

黑茶的分类

 湖南黑茶

过去湖南黑茶集中在安化生产，现今产区已扩大到桃江、沅江、汉寿、宁乡、益阳和临湘等地，以安化黑茶最为著名。湖南黑茶分为四个等级，高档茶较细嫩，低档茶较粗老。高档茶无粗涩味，香味醇厚，带松烟香，汤色橙黄，叶底黄褐。

 湖北老青茶

别称青砖茶，又称川字茶，主要产于湖北省内蒲圻、咸宁、通山、崇阳、通城等地，以蒲圻老青茶最为著名。湖北老青茶的制造分面茶和里茶两种，面茶较精细，里茶较粗放。根据品质的不同，湖北老青茶一般分成洒面、二面、里茶三个等级。

 四川边茶

四川边茶因销路不同，分为南路边茶和西路边茶。南路边茶又称南边茶，依枝叶加工方法不同，有毛庄茶和做庄茶之分，成品经整理之后压制成康砖和金尖两个花色。西路边茶又称西边茶，枝叶较南路边茶更为粗老，其成品茶有茯砖和方包两个花色。

滇桂黑茶

滇桂黑茶是云南和广西黑茶的统称，属于特种黑茶。云南黑茶代表品种为普洱茶，广西黑茶代表品种为六堡茶。普洱茶主要产于云南省的西双版纳、临沧、普洱等地区，茶汤橙黄浓厚，香气高锐持久，香型独特，滋味浓醇，经久耐泡。

选购黑茶的窍门

观外形： 看干茶色泽、条索、含梗量。紧压茶砖面完整，模纹清晰，棱角分明，侧面无裂缝；散茶条索匀齐、油润则品质佳。

看汤色： 橙黄明亮，陈茶汤色红亮如琥珀。

闻香气： 黑茶有发酵香，带甜酒香或松烟香。陈茶有陈香。

品滋味： 入口甜、润、滑，味厚而不腻，回味甘甜。

黑茶茶艺展示

　　黑茶有吸味的特点，适合用紫砂陶、傣族竹制器具、景德镇瓷器冲泡，能提升黑茶的香气，滋味更醇厚；因为黑茶的茶叶较老，适合冲泡的水温为95～100℃，才能保证黑茶出汤后的茶汤品质。但是，黑茶不宜长时间浸泡，否则苦涩味会比较重。黑茶出汤色泽较显红褐或黑褐色，置茶量可以控制在10～15克左右，也可以根据个人喜好调整。

扫一扫学茶艺

1.备具

准备好紫砂壶、品茗杯、公道杯、茶滤、茶荷、茶道组、水壶、茶巾、茶盘。

2.洁具

用热水烫洗一遍茶具，同时可以起到温壶温杯的作用，杯温壶温的升高有利于散发茶香。

3.赏茶

泡茶之前先请客人观赏干茶的茶形、色泽，还可以闻闻茶香。

4.置茶

用茶则将茶叶拨入紫砂壶中。

5.洗茶

将沸水冲入紫砂壶中泡茶，也称之为洗茶，黑茶冲泡需连洗两遍，洗茶水直接弃用，也可用来淋壶。

6.冲泡

再次倒入沸水冲泡，冲泡后即可出汤。

7.出汤

将茶汤通过茶滤倒入公道杯。

8.分茶

将公道杯中的茶汤一一分到各个品茗杯中。

9.品茶

黑茶入口后滋味醇厚，回甘十分明显。

品鉴黑茶

　　黑茶是后发酵茶，茶汤一般为深红、暗红或者亮红色，不同种类的黑茶有一定的差别。

　　普洱生茶茶汤浅黄，普洱熟茶茶汤深红明亮。优质黑茶茶汤顺滑，入口后茶汤与口腔、喉咙接触不会有刺激、干涩的感觉。茶汤滋味醇厚，有回甘。

　　越陈越香是黑茶的特色，也是黑茶与其他茶类区分开来的重要元素。品一壶陈年黑茶，感受岁月沉香。

 # 普洱砖茶

◎干茶

外形：端正均匀。

气味：陈香浓郁。

手感：肥软光滑。

产地：

云南省普洱市普洱县。

茶叶介绍

　　普洱砖茶产于云南省普洱市普洱县，精选云南乔木型古茶树的鲜嫩芽叶为原料，以传统工艺制作而成。

　　所有的砖茶都是经蒸压成型的，但成型方式有所不同。如黑砖、花砖、茯砖、青砖是用机压成型；康砖茶则是用棍锤筑造成型。

　　选购普洱茶时，应注意外包装一定要尽量完整，无残损，茶香陈香浓郁，轻轻摇晃包装，以无散茶者为佳。冲泡普洱茶砖时宜选腹大的壶，因为普洱茶的浓度高，用腹大的壶可避免茶汤过浓。建议材质宜选陶壶、紫砂壶。冲泡普洱茶时茶叶分量大约占壶身20%，最好将茶砖、茶饼拨开，暴露空气中2星期后再冲泡，味道更棒！

◎茶汤

香气：有明显的樟香味。

汤色：红浓清澈。

口感：醇厚浓香。

◎叶底

肥软红褐。

云南七子饼

◎ **干茶**

外形：紧结端正。

气味：带有特殊陈香或桂圆香。

手感：嫩匀。

产地：

云南省大理市。

茶叶介绍

云南七子饼亦称"圆饼"，以普洱散茶为原料，经多道工序精炼制成，是云南普洱茶中的著名产品，系选用云南一定区域内的大叶种晒青毛茶为原料，适度发酵，经高温蒸压而成，具有滋味醇厚、回甘生津、经久耐泡的特点。该茶保存于适宜的环境下越陈越香。

七子饼茶有生饼、熟饼之分，生饼以云南大叶种晒青毛茶为原料直接蒸压，熟饼是以人工科学发酵普洱茶压制而成，但在制作过程中其选料搭配的要求与生饼的要求几近相同，恰当的嫩芽和展叶搭配是保证七子饼茶品质的重要环节。

七子饼茶外形结紧端正，松紧适度。熟饼色泽红褐油润（俗称猪肝色）。生饼外形色泽随年份不同而千变万化，一般呈青棕、棕褐色、油光润泽。

◎ **茶汤**

香气：纯正馥郁。

汤色：橙黄明亮。

口感：醇厚甘甜。

◎ **叶底**

嫩匀完整。

茶叶小趣闻

七子饼茶，是中外历史上，用国家法律来规定外形、重量、包装规格的唯一茶品。"圆如三秋皓月，香于九畹之兰。"这是乾隆皇帝对七子饼茶的品评。

1735年，清政府规定了云南外销茶为七子茶，但当时还没有这个提法。清末，由于清廷处于没落期，茶叶形式开始多变，如宝森茶庄出现了小五子圆茶，为了区别，人们将七个一筒的园茶包装形式称为"七子圆茶"。

新中国成立后，云南茶叶公司所属各国营茶厂，使用中茶公司的商标，生产"中茶牌"圆茶。20世纪70年代初，云南茶叶进出口公司希望找到更有号召力、更利于宣传和推广的名称，他们改"圆"为"饼"，形成了"七子饼茶"这个吉祥名称，从此"云南七子饼茶"就成了紧压茶的霸主地位。发展至今，"七子饼"已成为普洱茶中响当当的商品名称。

贮藏

因七子饼茶有生饼、熟饼之分，所以云南七子饼茶怎样保存也应区分对待。首先，熟茶的发酵已经定性，储存时间长短不会改变茶质本身。其次，要注意储藏环境，温度不可骤然变化，要避免杂味感染，利用竹箬包装或放在冰箱中保存较好。

六堡散茶

◎**干茶**

外形：条索长整。
气味：有独特的槟榔香气。
手感：光润平整。

产地：

广西苍梧县六堡乡。

茶叶介绍

　　六堡散茶因产于广西苍梧县六堡乡而得名。现在六堡散茶产区相对扩大，分布在浔江、郁江、贺江、柳江和红水河两岸，主产区是梧州地区。六堡茶素以"红、浓、陈、醇"四绝著称，品质优异，风味独特，尤其是在海外侨胞中享有较高的声誉，被视为养生保健的珍品。民间流传有耐于久藏、越陈越香的说法。

　　六堡茶中含有金花菌，金花菌能够分泌多种酶，促使茶叶内含物质朝特定的化学反应方向转化，形成具有良好滋味和气味的物质，其保健功效也特好。

◎**茶汤**

香气：纯正醇厚。
汤色：红浓明亮。
口感：甘醇爽口。

◎**叶底**

呈铜褐色。

茶叶小趣闻

六堡茶是广西梧州最具有浓郁地方特色的名茶，是一种很古老的茶制品。据《桐君录》所载："南方有瓜芦木，亦似茗，至苦涩，取为屑茶饮，亦可通夜不眠。煮盐人但资此饮，而交广最重，客来先设，乃加以香笔辈。"说明远在五六世纪时，两广地区的人们已有普遍饮茶的习惯。到了魏晋朝期间，茶叶已经开始制饼烘干，并有紧压茶出现。正如陆羽《茶经》中所云："采之、蒸之、捣之、拍之、焙之、穿之、封之、茶之干矣。"

鲜叶采摘后经过蒸饼捣揉出汁。用手拍紧成形，烘干后成为饼茶、团茶备用。而六堡茶的制法正是源自于这种方法。经过不断的演变，才形成了六堡茶今天的制作方法和品质。

乾隆二十二年（1757年），清廷见西方在中国沿海地区非法贸易活动猖獗，便封闭了福建、浙江、江苏三处海关，只留广州一个口岸通商，于是"十三行"便独占中国对外贸易。六堡茶也随之名声大噪。

贮藏

不少茶友是少量购买六堡散茶回家品饮。对于这些边存边喝的少量六堡散茶，可直接用牛皮纸袋包装存放。牛皮纸袋价格便宜，而且防潮效果好，既经济又方便，喝完就可以把纸袋扔掉。

湖南千两茶

◎**干茶**

外形： 呈圆柱形。

气味： 高香并且持久。

手感： 嫩匀密致。

产地：

湖南省安化县。

茶叶介绍

　　湖南千两茶是20世纪50年代绝产的传统商品，产于湖南省安化县。千两茶是安化的一种传统名茶，以每卷的茶叶净含量合老秤一千两而得名，又因其外表的篾篓包装成花格状，故又名"花卷茶"。

　　日晒夜露是"千两茶"品质形成的关键工艺。千两茶的生产在原料选择上需经筛制、拣剔、整形、拼堆程序，在加工上需经其绞、压、跺、滚、锤工艺，最后形成长约1.5米、直径为0.2米的圆柱体，置于凉架上，经夏秋季节50天左右的日晒夜露（不能淋雨），在自然条件催化下，自行发酵、干燥，吸"天地之灵气，纳宇宙之精华"于茶体之内，进入长期陈放期，陈放越久，质量越好，品质更佳。

◎**茶汤**

香气： 醇厚高香。

汤色： 黄褐油亮。

口感： 甜润醇厚。

◎**叶底**

黑褐嫩匀。

 **青砖茶**

◎ **干茶**

外形：长方砖形。

气味：清新纯正。

手感：粗老。

产地：

湖北省咸宁市。

茶叶介绍

　　青砖茶属黑茶种类，以海拔600～1200米高山茶树鲜叶做原料，经高温蒸压而成，其产地主要在长江流域鄂南和鄂西南地区，原产地在湖北省赤壁市赵李桥羊楼洞古镇，已有600多年的历史。

　　青砖茶质量的高低取决于鲜叶的质量和制茶的技术。鲜叶采割后先加工成毛茶，面茶分杀青、初揉、初晒、复炒、复揉、渥堆、晒干七道工序。里茶分杀青、揉捻、渥堆、晒干等四道工序。制成毛茶后再经筛分、压制、干燥、包装制成青砖成品茶。

　　青砖茶饮用时需使茶砖破碎，放进特制的水壶中加水煎煮，茶味浓香可口。

◎ **茶汤**

香气：纯正馥郁。

汤色：红黄尚明。

口感：味浓可口。

◎ **叶底**

暗黑粗老。

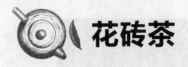 # 花砖茶

◎干茶

外形：砖面平整。

气味：纯正，微香。

手感：乌润光滑。

产地:

湖南省益阳市安化县高家溪和马家溪。

茶叶介绍

花砖茶，历史上又叫"花卷"。一般规格均为35×18×3.5厘米。做工精细、品质优良。

因为砖面的四边都有花纹，为区别于其他砖茶，取名"花砖"。正品花砖茶砖身压制紧实，砖面乌润光滑，斜纹图案清晰，棱角分明，内质香气醇正。

花砖茶是以湖南黑毛茶为原料，花砖茶砖面上方压印有"中茶"商标图案，下方压印有"安化花砖"字样，四边压印斜条花纹。

◎茶汤

香气：香气纯正。

汤色：红黄。

口感：浓厚微涩。

◎叶底

老嫩匀称。

茶叶小趣闻

花砖茶创制于1958年，当时是为了响应党的号召，工业逐步实现机械化，提高生产力，减轻工人的劳动强度，白沙溪人以花卷茶为基础，为国家多生产边销茶来达到维护民族团结之目的而制作了用机械生产的花砖茶。

过去交通困难，茶叶运输不便，这圆柱形的花卷茶形如"树干"，倒便于捆在牲口背的两边驮运。但在零售与饮用时，要用钢锯锯成片。这样做，既不方便，茶末又易损失，造成浪费。另外，在筑造过程中，花工多，成本高，劳动强度大，制作不易。如此落后的生产方式，不仅生产者要求改革，消费者也要求改革。1958年安化沙溪茶厂适应形势发展的需要，经过多次试验，将"花卷"改制成为长方形砖茶。

贮藏

日常生活中，花砖茶一定要保存在干燥、阴凉、通风、避光的环境中，才不会变质。

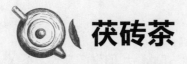 **茯砖茶**

外形：长方砖形。
气味：纯正悠远。
手感：粗老。

产地：

湖南省安化县。

茶叶介绍

茯砖茶是黑茶中一个最具特色的产品，约在公元1368年问世，采用湖南、陕南、四川等地的茶为原料，手工筑制，因原料送到泾阳筑制，称"泾阳砖"，因在伏天加工，故称"伏茶"。茯砖茶分特制和普通两个品种，主要区别在于原料的拼配不同。特制茯砖全部用三级黑毛茶做原料，而压制普通茯砖的原料中包含多种等级的黑毛茶。

茯砖茶干茶外形为长方砖形，规格为35×18.5×5厘米，现在茯砖大小规格不一。特制茯砖砖面色泽黑褐，内质香气纯正，滋味醇厚。普通茯砖砖面色泽黄褐，内质香气纯正。

陈放多年的茯砖茶，茶汤滋味表现为甜醇爽滑。十几泡之后，茶汤色泽逐渐变淡，但甜味犹存，且更加纯正。

◎茶汤

香气：香气纯正。
汤色：红黄明亮。
口感：醇和香浓。

◎叶底

黑褐均匀，质地稍硬。

茶叶小趣闻

传说东汉永元年间，和帝刘肇为安定西北边塞，使人民免受兵荒战乱之苦，与西域各国建立了外交往来，公元91~102年，和帝多次派班超率队运货到西域通商。

有一年的五黄六月，班超带领布商和茶商赶着数十辆马车，在军队的护送下，浩浩荡荡沿着前朝张骞开辟的丝绸之路向西进发。

商队西出帝都洛阳半月以后的一天中午，在前不着村后不着店的荒山野岭之中，遇到了一场暴雨，使得所载货物都淋得透湿。雨后天晴，丝绸布匹被风一吹就干了，可是茶叶要晒干没有2~3天是不行的，茶商怕耽误了赶路的日期，只吹干了茶叶表面的水分，重新包装打点就跟着队伍前进了。

进入河西走廊，队伍遇到一些牧民得了某种怪病，有人建议用茶来治疗，班超一听，认为茶叶反正不会坏事，于是命令郎中不妨一试。郎中奉命去取茶叶，打开篓子一看，只见茶叶上密密麻麻长出了许多黄色的小斑点。他犹豫了，这长黄霉的茶叶能吃吗？救人一命，胜造七级浮屠，试试或许会有一线希望。于是抓了两把发黄霉的茶叶放到锅里一煮，给患病的牧民每人灌了一大碗。过了片刻，患者各放了几个响屁，觉得舒服多了。又接着喝了两碗，肚子里几个鼓胀的硬块渐渐消失了。他们站了起来，向班超与医生磕头致谢，并问是什么灵丹妙药使他们起死回生。班超答曰：此乃楚地运来的茶叶。

道谢完毕，牧民们立即跳上马，连夜把汉族商人用茶叶救他们性命的事情向部落首领作了禀告。第二天一大早，班超的大队伍还未启程，部落首领就带了厚礼来酬谢，并邀请班超到府上歇息几日。因为时间不允许耽误，班超谢绝了他们的好意，部落首领便用重金买下了这批茶叶。楚地茶叶能治病的消息一传开，渐渐地成了草原牧民的喜爱之物。

贮藏

茯砖茶的贮存条件比较简单，做到通风、透气、避光，与有异味的物质隔离即可。通风有助于茶品的自然氧化，同时可适当吸收空气中的水分（水分不能过高，否则容易产生霉变），加速茶体的湿热氧化过程。

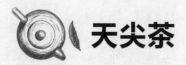 # 天尖茶

◎**干茶**

外形：条索紧结。

气味：醇和带松烟香。

手感：嫩度较好。

产地：

湖南省益阳市安化县。

茶叶介绍

　　湖南安化是我国黑茶的发祥地，历史上湖南安化黑茶系列产品有"三尖"之说，即"天尖、生尖、贡尖"。

　　天尖黑茶地位最高，茶等级也最高，明清时就被定为皇家贡品，专供帝王家族品用，故名"天尖"，为众多湖南安化黑茶之首。

　　天尖茶既可以泡饮，也可煮饮；既适合清饮，亦适合制作奶茶，特别在南方各茶馆煮泡壶茶，家庭煎泡冷饮茶，很合时宜。

◎**茶汤**

香气：清香持久。

汤色：橙黄明亮。

口感：醇厚爽口。

◎**叶底**

黄褐尚嫩。

茶叶小趣闻

湖南黑茶最早的历史记载可见五代毛文锡《茶谱》："潭郡之间有渠江，中有茶……其色如铁而芳香异常。"黑茶因其包装紧实、品质稳定、能够紧压和长期存储，适合茶马贩运。湖南黑茶系初制过程中直接渥堆加工而成，具有独特的品质、风味。天尖茶的散装篾篓包装，是现存最古老的茶叶的包装方式，是中国茶叶传统文化的宝贵遗产。据《明史·食货志》记载："神宗万历十三年（1585年）中茶易马，唯汉中保守，而湖南产茶值贱，商人率我境私贩。"即是说湖南黑茶质优价廉，受到茶商争相贩运的状况。

1942年《边政公论·历代茶叶边贸史》评"左氏之制施行以来，以挽回咸同年间西北茶销停滞全局，亦即奠定60年来西北边销之基地也"。变革数百年茶制，推动了湖南黑茶的发展。

1972～1974年，长沙马王堆一、三号汉墓出土有"一笥"竹简，经考证即茶一箱，箱内黑色颗粒状实物用显微镜切片被确认为是茶。益阳市茶叶局局长、高级农艺师易梁生经过多年考察、研究、分析，认为是安化黑茶。按史书记载，目前安化黑茶历史可追溯到1400多年前唐代文成公主进藏时陪嫁的安化黑茶。如果马王堆汉墓里的茶叶来自安化，安化黑茶的历史则至少可再前推900年，达到2300年。

贮藏

日常生活中，天尖茶一定要保存在干燥、阴凉、通风、避光的环境中，才不会变质。

 **黑砖茶**

产地:

湖南省白沙溪茶厂。

茶叶介绍

　　黑砖茶,是以黑毛茶作为原料制成的半发酵茶,创制于1939年。

　　黑砖茶多选用三级、四级的黑毛茶搭配其他茶种进行混合,再经过筛分、风选、拼堆、蒸压、烘焙、包装等一系列工序制成。

　　黑砖茶的外形通常为长方砖形,规格为35×18.5×3.5厘米,因砖面压有"湖南省砖茶厂压制"八个字,因此又称"八字砖"。

◎ **干茶**

外形:平整光滑,棱角分明。
气味:带有青草微香。
手感:光滑。

◎ **茶汤**

香气:清香纯正。
汤色:黄红稍褐。
口感:浓醇微涩。

◎ **叶底**

黑褐均匀。

茶叶小趣闻

史料记载：湖南安化县生产黑茶历史悠久，早在明朝万历年间由户部正式定为运销西北地区以茶易马的"官茶"后，陕、甘、宁、晋地区的茶商，到朝廷在各地设置的茶马司以金（货币）易领"茶引"（按：明制茶课引规定：上引五千斤、中引四千斤、下引三千斤），至安化大量采购黑砖茶，运销西北地区以茶易马（按：明洪武二十二年所定茶易马分上、中、下三等：上等马每匹一百二十斤、中等马每匹七十斤、下等马每匹五十斤）。大都运往兰州再转销陕、甘、青、新、宁、藏少数民族地区。明末清初西北地区的"边茶"十之八九由安化黑茶供应，多在陕西泾阳压成茶砖。

1939年，湖南省茶叶管理处在安化县设厂大批量生产黑砖茶，产品分"天、地、人、和"四级，统称"黑茶砖"。1947年，安化茶叶公司设厂于江南镇，在茶砖面上印有八个字，称"八字茶砖"，供不应求。新中国成立后，中国茶业公司安化砖茶厂（白沙溪茶厂前身）积极扩大生产，产品改称"黑砖茶"，主销西北少数民族地区。

贮藏

黑砖茶在清洁、防潮、无异味条件下可以长期保存，一般认为砖茶存放10至15年品饮价值较高。

凤凰普洱沱茶

◎干茶

外形：紧结端正。

气味：芳香纯正。

手感：柔软。

产地：

云南省大理市南涧县。

茶叶介绍

　　凤凰普洱沱茶产于云南省大理市南涧县，选用良好植被和生态环境的无量山优质大叶种青毛茶为原料加工而成。

　　凤凰普洱沱茶除了品质优异以外，它的包装也很讲究，包装上面有两只凤凰图案，随着生产日期的不同，茶品上的凤凰会出现不同形态。

　　凤凰普洱沱茶具有美发的效果，洗过头发后，再用该茶水洗涤，可以使头发乌黑柔软，富有光泽。

◎茶汤

香气：纯正馥郁。

汤色：橙黄明亮。

口感：醇厚甘甜。

◎叶底

嫩匀完整。

老班章寨古树茶

◎ **干茶**

外形：条索细长而粗壮，色泽油亮。

气味：暗香稳重。

手感：光滑。

产地：

云南省西双版纳傣族自治州勐海县。

茶叶介绍

老班章寨古树茶专指用云南省西双版纳勐海县布朗山乡老班章村老班章茶区的古茶树大叶种乔木晒青毛茶压制而成的云南紧压茶，有"茶王"之称。

按产品形式，此茶可分为沱茶、砖茶、饼茶和散茶，按加工工艺可分为生茶和熟茶。老班章村所在地，土壤富含有机质，日照足、云雾浓、湿度大，特别适合古茶树的生长。一直以来，老班章村民沿用传统古法、人工养护古茶树，手工采摘鲜叶，日光晒青毛茶，石磨土法压制各种紧压茶，时至今日，老班章寨古树茶是云南省境内少有的不使用化肥、农药等无机物的，纯天然、无污染、原生态古树茶产地。

◎ **茶汤**

香气：厚重醇香。

汤色：清亮稠厚。

口感：回甘持久。

◎ **叶底**

柔韧显毫。

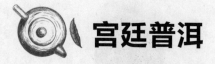 # 宫廷普洱

◎ **干茶**

外形：紧细匀整。

气味：甘醇悠远。

手感：细嫩滑腻。

产地：

云南省昆明市、西双版纳傣族自治州。

茶叶介绍

宫廷普洱，是古代专门进贡给皇族享用的茶，在旧时是一种身份的象征，是普洱中的特级茶品，称得上是茶中的名门贵族。

宫廷普洱的制作颇为严格，只是摘取二月份上等野生大叶乔木芽尖中极细且微白的芽蕊，好的芽蕊采摘完毕后，剩下的部分才允许民间采摘。宫廷普洱是经过杀青、揉捻、晒干、渥堆、筛分等多道复杂的工序，才最终制成优质茶品。

◎ **茶汤**

香气：陈香浓郁。

汤色：红浓明亮。

口感：浓醇爽口。

◎ **叶底**

褐红细嫩。

 # 布朗生茶

◎干茶

外形：条索肥硕。
气味：带有比较浓重的麦香味，悠远怡人。
手感：柔软。

产地：

云南省。

茶叶介绍

  布朗生茶是云南出产的黑茶中较为有名的一种。布朗生茶轻嗅起来似乎带有浓重的麦香味，外形呈茶饼状，饼香悠远怡人，条索硕大而不似一般茶饼、茶砖，是通过收采最嫩芽叶纯手工制作而成。此茶微显毫，尝起来茶味清甜。

  可通过闻味和辨色来选购布朗生茶。一般是将茶叶拿到鼻尖轻嗅一下，对茶哈一口气，再闻茶散发出的味道；辨色方面，熟茶老的颜色一般会褪为棕色，生茶越老的颜色就会越深。

◎茶汤

香气：略有蜜香。
汤色：金黄透亮。
口感：细腻厚重，微有苦涩。

◎叶底

叶底柔软，匀称。

 # 金瓜贡茶

◎**干茶**

外形：匀整端正。

气味：隐有竹香、兰香、檀香和陶土的香气。

手感：肥软圆通。

产地：

云南省西双版纳傣族自治州勐海县。

茶叶介绍

金瓜贡茶也称团茶、人头贡茶，是普洱茶独有的一种特殊紧压茶形式，因其形似南瓜，茶芽长年陈放后色泽金黄，得名金瓜，早年的金瓜茶是专为上贡朝廷而制，故名"金瓜贡茶"。

此茶茶香浓郁，隐隐有竹香、兰香、檀香和陶土的香气，清新自然，润如三秋皓月，香于九畹芳兰气，是普洱茶家族中当之无愧的茶王。

选购普洱茶时，应注意外包装一定要尽量完整，无残损，茶香陈香浓郁，轻轻摇晃包装，以无散茶者为佳。

◎**茶汤**

香气：纯正浓郁。

汤色：金黄润泽。

口感：醇香浓郁。

◎**叶底**

肥软匀亮。

 # 金尖茶

产地：

四川省雅安地区。

茶叶介绍

金尖茶产于四川雅安，原料选自海拔1200米以上云雾山中有性繁殖的成熟茶叶和红苔，经过三十二道工序精制而成。藏族谚语说"宁可三日无粮，不可一日无茶"，表达了对金尖茶的依赖之情。金尖茶常见规格为每块净重2.5公斤，圆角枕形。

正宗金尖茶色泽棕褐，干茶包装呈圆角枕形，平整而紧实，香气纯正。选购时还可根据金尖茶的外包装进行简单辨别，选择包装完整者为佳。

金尖茶经过陈放，可生成多糖、茶红素、茶黄素等物质，其中的茶黄素有助于降血脂，不但能与胆固醇结合，减少食物中胆固醇的吸收，还能抑制人体自身胆固醇的合成。

◎干茶
外形：圆角枕形。
气味：清香平和。
手感：紧实。

◎茶汤
香气：醇香浓郁。
汤色：红黄明亮。
口感：醇香浓郁。

◎叶底
暗褐粗老。

第六章

回味甘甜的乌龙茶

乌龙茶又称青茶，是我国特产的茶叶种类，
兼具了绿茶、红茶的制作工艺，有"绿叶红镶边"的美誉，
既有绿茶的清淡、香爽，又有红茶的浓烈醇甘，
品饮后回甘味鲜，唇齿留香。

绿茶和乌龙茶是由同一种茶树生产出来的，最大的差别在于有没有经过发酵这个过程。

认识乌龙茶

中国人喜欢喝茶，乌龙茶是其中独具特色的茶叶品类。乌龙茶又称为"青茶"，属于半发酵茶，是我国几大茶类中具有鲜明特色的茶叶品种。乌龙茶是经过杀青、萎凋、摇青、半发酵、烘焙等工序后制出的品质优异的茶类。

乌龙茶是中国特有的茶类品种，主要产于福建的闽北、闽南及广东和台湾地区。闽北乌龙有武夷岩茶、水仙、大红袍、肉桂等；闽南乌龙有铁观音、黄金桂等；广东乌龙有凤凰单丛、凤凰水仙、岭头单丛等；台湾乌龙有冻顶乌龙、包种乌龙等。

乌龙茶的分类

 闽北乌龙

产于福建省北部的武夷山一带，主要有武夷岩茶和闽北水仙。武夷岩茶是闽北乌龙茶中品质最佳的一种，花色品种较多，如武夷水仙、武夷奇种、大红袍、铁罗汉、白鸡冠、水金龟、肉桂等。

 闽南乌龙

产于福建南部安溪、永春、南安、同安等地，以安溪产量居多，其中铁观音品质最佳，著名的还有黄金桂、闽南水仙、永春佛手等。此外，由不同茶树品种的鲜叶混合制成的称为"闽南色种"，本山、毛蟹、奇兰、梅占、桃仁、佛手、黄木炎等品种均可混入。

 广东乌龙

主要产于广东省东部、北部和西部山区，以潮汕梅州和湛江地区为主。主要产品有凤凰水仙、凤凰单丛、岭头单丛、饶平色种、石古坪乌龙、大叶奇兰、兴宁奇兰等，以潮安的凤凰单丛和饶平的岭头单丛最为著名。

台湾乌龙

产于台湾地区新北市文山区（原台北县文山），源于福建，因萎凋、做青程度不同，分为台湾乌龙与台湾包种两类。台湾乌龙萎凋、做青程度较重，汤色金黄明亮，滋味浓厚，有熟果香味，品种以冻顶乌龙最为有名；台湾包种萎凋、做青较轻，汤色金黄，味甜，香气轻柔，以文山包种茶最为有名。

选购乌龙茶的窍门

看外观：福建闽南、闽北两地的乌龙茶外形不同，闽南的为卷曲形状，闽北的为直条形状，都带有光泽。外观比较粗散、粗松、不紧结，无光泽、颜色比较暗、失去鲜活的茶叶属于中下品或者是陈年茶。

观茶汤：茶汤颜色为金黄色或橙黄色，且清透、不浑浊、不暗、无沉淀物，冲泡三四次而汤色仍不变淡者为贵。

乌龙茶茶艺展示

乌龙茶是介于绿茶与红茶之间的半发酵茶，因发酵程度不同，不同的乌龙茶滋味和香气也有所不同，但都具有浓郁花香、香气高长的显著特点。乌龙茶因产地和品种不同，茶汤或浅黄明亮，或橙黄、橙红。入口后香气高长，回味悠长。乌龙茶适宜用有吸香性和透气性的紫砂壶来冲泡；宜用100℃滚开的水加满茶器，以100℃矿泉水来冲泡乌龙茶效果更佳。

扫一扫学茶艺

1.备具

准备好紫砂壶、品茗杯、闻香杯、公道杯、茶滤、茶荷、茶道组、水壶、茶巾、茶盘。

2.洁具

用热水烫洗一遍茶具，同时可以起到温杯的作用，杯温的升高还有利于散发茶香。

3.赏茶

泡茶之前先请客人观赏干茶的茶形、色泽，还可以闻闻茶香。

4.置茶

用茶匙将茶荷中的茶叶仔细拨入紫砂壶中。

5.温润泡

紫砂壶中倒入开水，将茶水通过茶滤注至公道杯中，最后倒入闻香杯和品茗杯中，弃茶水不用，主要起到润湿茶叶和再次烫洗杯具的作用。

6.正式冲泡

紫砂壶中倒入开水，将茶水通过茶滤注至公道杯中。

7.斟茶

将公道杯中的茶汤分入各个闻香杯中，再将品茗杯倒扣在闻香杯上，端起闻香杯，至胸前位置进行翻转。

8.闻香

品饮前，可闻香，乌龙茶香气馥郁持久。

9.品茶

乌龙茶入口后滋味醇厚甘鲜。

品鉴乌龙茶

乌龙茶，亦称青茶，创制于明清时期，安溪茶农在绿茶制法的基础上发展成乌龙茶制法。一直以来，素有"春饮花茶，夏饮绿茶，秋饮青茶（乌龙茶），冬饮红茶"的说法，乌龙茶介于绿茶、红茶之间，茶性平和，不寒不温，特别适合秋天饮用。

根据发酵程度的不同，乌龙茶通常可分为轻度发酵茶（约10%～25%）、中度发酵茶（约25%～50%）和重度发酵茶（约50%～70%）。轻度发酵的乌龙茶以文山包种茶、清香型铁观音为代表，很接近绿茶，在乌龙茶中别树一帜。中度发酵的乌龙茶以铁观音、武夷岩茶、闽北水仙以及广东凤凰单丛为代表。重度发酵的乌龙茶是乌龙茶中发酵程度最重的茶品，以白毫乌龙茶为代表。

黄金桂

产地：

福建省安溪县。

茶叶介绍

　　黄金桂，属乌龙茶类，原产于安溪虎邱美庄村，是乌龙茶中风格有别于铁观音的又一极品，1986年被商业部授予"全国名茶"称号。

　　黄金桂是以黄（也称黄旦）品种茶树嫩梢制成的乌龙茶，因其汤色金黄有奇香似桂花，故名黄金桂。在产区，毛茶多称黄或黄旦，黄金桂是成茶商品名称。

　　在现有乌龙茶品种中黄金桂是发芽最早的一种，制成的乌龙茶香气极高，所以在产区有"清明茶""透天香"之誉。

　　黄金桂冲泡后汤色金黄明亮或浅黄明澈。香气特高，芬芳优雅，常带有水蜜桃或者梨香，滋味醇细鲜爽，有回甘，适口提神，素有"香、奇、鲜"之说。

◎干茶

外形：紧结卷曲，细秀匀整，色泽呈黄绿色。

气味：略带桂花香。

手感：团状，紧实感。

◎茶汤

香气：幽雅鲜爽，香高清长。

汤色：金黄明亮。

口感：纯细甘鲜。

◎叶底

柔软明亮，呈黄绿色。

安溪铁观音

◎干茶

外形：肥壮圆结，色泽砂绿、光润。

气味：有天然兰花香。

手感：结实，有颗粒感，略粗糙。

产地：

福建省安溪县。

茶叶介绍

安溪铁观音，又称红心观音、红样观音，被视为乌龙茶中的极品，且跻身于中国十大名茶之列，以其香高韵长、醇厚甘鲜而驰名中外，并享誉世界，尤其是在日本市场，两度掀起"乌龙茶热"。

安溪铁观音干茶制作综合了红茶发酵和绿茶不发酵的特点，属于半发酵的品种，采回的鲜叶力求完整，然后进行晾青、晒青和摇青。成品条索肥壮、圆整呈蜻蜓头、沉重，枝心硬。

安溪铁观音可用具有"音韵"来概括。铁观音名出其韵，贵在其韵。"音韵"是来自铁观音特殊的香气和滋味。有人说，品饮铁观音中的极品——观音王，有超凡入圣之感，仿佛羽化成仙。

◎茶汤

香气：茶香馥郁清高，鲜灵清爽，香高持久。

汤色：金黄浓艳。

口感：醇厚甘鲜，清爽甘甜，入口余味无穷。

◎叶底

沉重匀整，青绿红边，肥厚明亮。

190

茶叶小趣闻

铁观音名字的由来有两个传说：

"魏说"——观音托梦。相传，1720年前后，安溪尧阳松岩村（又名松林头村）有个老茶农魏荫（1703～1775年），勤于种茶，又笃信佛教，敬奉观音。每天早晚一定在观音佛前敬奉一杯清茶，几十年如一日，从未间断。有一天晚上，他睡熟了，朦胧中梦见自己扛着锄头走出家门，他来到一条溪涧旁边，在石缝中忽然发现一株茶树，枝壮叶茂，芳香诱人，跟自己所见过的茶树不同……

第二天早晨，他顺着昨夜梦中的道路寻找，果然在观音仑打石坑（地方名）的石隙间，找到梦中的茶树。仔细观看，只见茶叶椭圆，叶肉肥厚，嫩芽紫红，青翠欲滴。魏荫十分高兴，将这株茶树挖回种在家中一口铁鼎里，悉心培育。因这茶是观音托梦得到的，取名"铁观音"。

"王说"——乾隆赐名。相传，安溪西坪南岩仕人王土让（清朝雍正十年副贡、乾隆六年曾出任湖广黄州府蕲州通判）曾经在南山之麓修筑书房，取名"南轩"。清朝乾隆元年（1736年）的春天，王与诸友会文于"南轩"。每当夕阳西坠时，就徘徊在南轩之旁。

有一天，他偶然发现层石荒园间有株茶树与众不同，就移植在南轩的茶圃，朝夕管理，悉心培育，年年繁殖，茶树枝叶茂盛，圆叶红心，采制成品，乌润肥壮，泡饮之后，香馥味醇，沁人肺腑。乾隆六年，王士让奉召入京，谒见礼部侍郎方苞，并把这种茶叶送给方苞，方侍郎品其味非凡，便转送内廷，皇上饮后大加赞誉，垂问尧阳茶史，因此茶乌润结实，沉重似铁，味香形美，犹如"观音"，赐名"铁观音"。

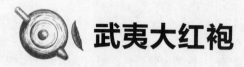 # 武夷大红袍

◎干茶

外形：条索健壮、匀整，绿褐鲜润。

气味：具有天然真味。

手感：粗糙，有厚实感。

产地：

福建省武夷山。

茶叶介绍

武夷岩茶产自武夷山，因其茶树生长在岩缝中，因而得名"武夷岩茶"。武夷岩茶属于半发酵茶，融合了绿茶和红茶的制法，是中国乌龙茶中的极品。武夷岩茶的制作可追溯至汉代，到清朝达到鼎盛。

武夷岩茶的制作方法汲取了绿茶和红茶制作工艺的精华，再经过晾青、做青、杀青、揉捻、烘干、毛茶、归堆、定级、筛号茶取料、拣剔、筛号茶拼配、干燥、摊凉、匀堆等十几道工序制作而成。

武夷岩茶中又以大红袍最为知名。武夷大红袍，因早春茶芽萌发时，远望通树艳红似火，如同红袍披树，故而得名。大红袍素有"茶中状元"之美誉，乃岩茶之王，堪称国宝。

◎茶汤

香气：浓郁清香。

汤色：清澈艳丽，呈深橙黄色。

口感：滋味甘醇。

◎叶底

软亮匀整，绿叶带红镶边。

茶叶小趣闻

武夷大红袍有一个传说。古时有一穷秀才上京赶考，路过武夷山时，病倒在路上，幸被天心庙老方丈看见，泡了一碗茶给他喝，果然病愈。后来秀才金榜题名，中了状元，还被招为东床驸马。一个春日，状元来到武夷山谢恩，在老方丈的陪同下，前呼后拥，到了九龙窠，但见峭壁上长着3株高大的茶树，枝叶繁茂，吐着一簇簇嫩芽，在阳光下闪着紫红色的光泽，煞是可爱。

老方丈说，去年你犯鼓胀病，就是用这种茶叶泡茶治好。很早以前，每逢春日茶树发芽时，就鸣鼓召集群猴，穿上红衣裤，爬上绝壁采下茶叶，炒制后收藏，可以治百病。状元听了要求采制一盒进贡皇上。第二天，庙内烧香点烛、击鼓鸣钟，召来大小和尚，向九龙窠进发。众人来到茶树下焚香礼拜，齐声高喊："茶发芽！"然后采下芽叶，精工制作，装入锡盒。

状元带了茶进京后，正遇皇后肚疼鼓胀，卧床不起。状元立即献茶让皇后服下，果然茶到病除。皇上大喜，将一件大红袍交给状元，让他代表自己去武夷山封赏。一路上礼炮轰响，火烛通明，到了九龙窠，状元命一樵夫爬上半山腰，将皇上赐的大红袍披在茶树上，以示皇恩。

说也奇怪，等掀开大红袍时，3株茶树的芽叶在阳光下闪出红光，众人说这是大红袍染红的。后来，人们就把这3株茶树叫作"大红袍"了，有人还在石壁上刻了"大红袍"3个大字。从此大红袍就成了年年岁岁的贡茶。

武夷肉桂

产地：

福建省武夷山。

茶叶介绍

　　武夷肉桂，又名玉桂，属乌龙茶类，产于福建武夷山。由于品质优异，性状稳定，是乌龙茶中的一枝奇葩。武夷肉桂除了具有岩茶的滋味特色外，更以其香气辛锐持久的高品种香备受人们的喜爱。肉桂的桂皮香明显，香气久泡犹存。

　　武夷肉桂干茶是经萎凋、做青、杀青、揉捻、烘焙等十几道工序精制而成。成品外形条索匀整卷曲；色泽褐绿，油润有光；干茶嗅之有甜香是为上品。

　　据《崇安县新志》载，在清代就有武夷肉桂。该茶是以肉桂良种茶树鲜叶，用武夷岩茶的制作方法而制成的乌龙茶，为武夷岩茶中的高香品种。

◎干茶

外形： 匀整卷曲，紧结壮实。

气味： 隐约桂皮香。

手感： 光滑，有韧性。

◎茶汤

香气： 奶油和花果香，桂皮香明显。

汤色： 橙黄清澈。

口感： 醇厚回甘。

◎叶底

叶底匀亮，呈淡绿底红镶边。

 # 凤凰单枞

产地:

广东省潮州市凤凰镇乌岽山。

茶叶介绍

　　凤凰单枞茶属乌龙茶类,始创于明代,以产自潮安县凤凰镇乌岽山,并经单株(丛)采收、单株(丛)加工而得名,因产区濒临东海,气候温暖,雨水充足,土壤肥沃,含丰富的有机物质和微量元素,有利于茶树的发育与形成茶多酚和芳香物质。

　　凤凰单枞实行分株单采,清明前后,新茶芽萌发至小开面(即出现驻芽),即按一芽二、三叶(中开面)标准,用骑马采茶手法采摘。

　　凤凰单枞干茶是经晒青、晾青、碰青、杀青、揉捻、烘焙等工序,历时10小时制成成品茶。成品其外形条索粗壮,匀整挺直,色泽黄褐,油润有光,并有朱砂红点是为上品。

◎干茶

外形: 条索紧细,色泽乌润油亮。
气味: 天然花香。
手感: 有韧性。

◎茶汤

香气: 香高持久。
汤色: 橙黄明亮。
口感: 醇厚鲜爽。

◎叶底

匀亮齐整,青蒂绿腹红镶边。

武夷水仙

产地：

福建省境内的武夷山。

茶叶介绍

　　武夷水仙，又称闽北水仙，是以闽北乌龙茶采制技术制成的条形乌龙茶，也是闽北乌龙茶中两个品种之一，水仙是武夷山茶树品种的一个名称。采摘武夷水仙时采用"开面采"，即当茶树顶芽开展时，只采三四叶，而保留一叶。正常情况下，分四季采摘茶叶，每季相隔约50天。

　　春茶于每年谷雨前后采摘驻芽第三、四叶，经萎凋、做青、杀青、揉捻、初焙、包揉、足火等多道工序制成毛茶。由于水仙叶肉肥厚，做青须根据叶厚水多的特点以"轻摇薄摊，摇做结合"的方法灵活操作。包揉工序为做好水仙茶外形的重要工序，揉至适度，最后以文火烘焙至足干。成茶外形壮实匀整，尖端扭结，色泽砂绿油润，并呈现白色斑点，俗有"蜻蜓头，青蛙腹"之称。

◎干茶

外形： 紧结匀整，叶端折皱扭曲，色泽油润，间带砂绿蜜黄。
气味： 清香。
手感： 松软。

◎茶汤

香气： 清香浓郁，具兰花香气。
汤色： 呈琥珀色，清澈。
口感： 醇厚回甘。

◎叶底

厚软黄亮，叶缘朱砂红边或红点，即"三红七青"。

茶叶小趣闻

相传有一年武夷山热得出奇，有个建瓯的穷汉子靠砍柴为生，大热天没砍几刀就热得头昏脑涨，唇焦口燥，胸闷疲累，于是到附近的祝仙洞找个阴凉的地方歇息。

刚坐下，只觉一阵凉风带着清香扑面吹来，原来是一棵小树上的绿叶发出清香。他走过去摘了几片含在嘴里，凉丝丝的，嚼着嚼着，头也不昏胸也不闷了，精神顿时爽快起来，于是他从树上折了一根小枝，挑起柴下山回家。这天夜里突然风雨交加，在雷雨打击下，他家一堵墙倒塌了。

第二天清早，一看那根树枝正压在墙土下，枝头却伸了出来，很快爆了芽，发了叶，长成了小树，那新发芽叶泡水喝了同样清香甘甜，解渴提神，小伙子长得更加壮实。这事很快在村里传开了，问他吃了什么仙丹妙药，他把事情缘由说了一遍。大家都纷纷来采叶子泡水治病，向他打听那棵树的来历，小伙子说是从祝仙洞折来的。因为建瓯人说"祝"和崇安话的"水"字发音一模一样，崇安人都以为是"水仙"，也就把这棵树叫作水仙茶了。大家仿效建瓯人插枝种树的办法，水仙茶很快就长得满山遍野都是，从此水仙茶成为名品而传播四方。

贮藏

日常生活中，武夷水仙茶爱吸异味，更怕潮湿、高温和光照，所以一定要保存在密封、干燥、通风的环境中，才不会变质。采用深色玻璃瓶，放入茶叶和干燥剂，盖紧盖子并用石蜡封口，存于阴凉避光处。

永春佛手

◎干茶

外形：紧结肥壮，卷曲重实，色泽乌润砂绿。

气味：近似香橼香。

手感：重实，抚之有磨砂感。

产地：

福建省永春县。

茶叶介绍

永春佛手又名香橼、雪梨，是乌龙茶类中风味独特的名贵品种之一，产于闽南著名侨乡永春县，地处戴云山南麓，全年雨量充沛，日夜温差大，适合茶树的生长。佛手茶树品种有红芽佛手与绿芽佛手两种（以春芽颜色区分），以红芽为佳。鲜叶大的如掌，椭圆形，叶肉肥厚，3月下旬萌芽，4月中旬开采，分四季采摘，春茶占40％。

永春佛手干茶是经揉捻、初烘、初包揉后，复烘复包揉三次或三次以上，较一般乌龙茶次数为多，使茶条卷结成干（虾干）状。成品后外形条索肥壮、卷曲较重实或圆结重实，色泽乌润砂绿或乌绿润，稍带光泽；内质香气浓郁或馥郁悠长，优质品具有雪梨香，上品具有香橼香。

◎茶汤

香气：浓郁悠长。

汤色：橙黄清澈。

口感：甘厚芳醇。

◎叶底

叶底肥厚、软亮、红边显露。

茶叶小趣闻

据闻在古代有一位凤山公，居住在望仙山麓，永春县玉斗镇凤溪村中。他一生精研百草，治病救人。有一次，他到望仙山中采集青草药，在小溪边发现一棵树型婆娑，叶大如掌，似茶非茶的植物，采下叶子一闻，芳香沁人心脾，在嘴里一嚼，顿感清香爽口，韵味悠长，精神陡长。凤山公觉得这是一味良药，就把它采集回家。乡人凡有病痛，用过这味药后，百病立除，非常神验，人们称之为瑞草。凤山公把这味药的枝条剪下，栽到百草园中，居然成活，成为治病救人的主药。

有一次县令的母亲腹泻不止，不知请过多少医生用过多少药，就是不见效。看见老夫人病情一天比一天严重，生还无望，县令非常着急，就出悬赏榜文，寻求神医良药。有人告诉县令，听说凤山公医术精湛，不妨请来治病。县令听说，马上派人用轿子把凤山公抬到县衙给他的母亲看病。凤山公把脉诊断后说：老夫人是吃食不慎，导致胃肠损伤，加上年老气虚才会病入膏肓。如不用良药医治，恐怕性命难保。凤山公以新发现的这味药为主药配方给老夫人治病。老夫人用药后，腹泻立止，县令非常高兴，问凤山公用什么神药。凤山公拿出这味药介绍了发现这味药的经过。县令拿着这味药仔细端详，觉得这味药叶大如掌，芳香扑鼻，宛如佛手，因此给这味药取名为"佛手"。

从那以后，不但凤山公种植佛手，还教导乡人大量种植佛手，并把这佛手药制成干品，当茶饮用。

贮藏

永春佛手茶包装一般采用真空压缩包装法，并附有外罐包装。如果在20天之内喝完，一般只需放置在阴凉处，避光保存；如果想延长佛手茶茶叶的保存时间，建议将茶叶保存在-5℃。

 冻顶乌龙

◎ **干茶**

外形： 紧结卷曲，色泽墨绿油润，边缘隐现金黄色。

气味： 带花香、果香。

手感： 紧实饱满。

产地：

台湾地区凤凰山的冻顶山一带。

茶叶介绍

　　冻顶乌龙茶，俗称冻顶茶，是台湾地区知名度极高的茶，也是台湾包种茶的一种。台湾包种茶属轻度或中度发酵茶，亦称"清香乌龙茶"，包种茶按外形不同可分为两类，一类是条形包种茶，以"文山包种茶"为代表；另一类是半球形包种茶，以"冻顶乌龙茶"为代表。冻顶乌龙茶原产地在台湾地区南投县的鹿谷乡，是以青心乌龙为主要原料制成的半发酵茶。

　　冻顶茶一年四季均可采摘，采摘未开展的一芽二、三叶嫩梢，春茶采期从3月下旬至5月下旬；夏茶5月下旬至8月下旬；秋茶8月下旬至9月下旬；冬茶则在10月中旬至11月下旬。采摘后经晒青、晾青、浪青、炒青、揉捻、初烘、多次团揉、复烘、再焙火制成冻顶乌龙干茶。

◎ **茶汤**

香气： 持久高远。

汤色： 黄绿明亮。

口感： 甘醇浓厚。

◎ **叶底**

肥厚匀整，绿叶腹红边。

茶叶小趣闻

据说台湾冻顶茶是一位叫林凤池的台湾人，从福建武夷山把茶苗带到台湾地区种植而发展起来的。林凤池祖籍福建。一年，他听说福建要举行科举考试，心想去参加，可是家穷没路费。乡亲们纷纷捐款。临行时，乡亲们对他说："你到了福建，可要向咱祖家的乡亲们问好呀，说咱们台湾乡亲十分怀念他们。"

林凤池考中了举人，几年后，决定要回台湾探亲，顺便带了36棵冻顶茶茶苗回台湾，种在了南投鹿谷乡的冻顶山上。经过精心培育繁殖，建成了一片茶园，所采制之茶清香可口。后来林凤池奉旨进京，他把冻顶茶献给了道光皇帝，皇帝饮后称赞好茶。因这茶是台湾冻顶山采制的，就叫作冻顶茶。从此台湾乌龙茶也叫"冻顶乌龙茶"。

贮藏

冻顶乌龙既有不发酵茶的特性，又有全发酵茶的特性。茶叶极敏感，遭晒、受潮，茶叶便要变色、变味、变质。所以，储存冻顶乌龙时必须像储存绿茶一样：防晒、防潮、防气味。但是冻顶乌龙比绿茶耐放，能在常温下保存两三年。

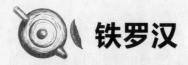 # 铁罗汉

◎**干茶**

外形：条索匀整，紧结粗壮，色泽乌褐。

气味：花香气。

手感：光滑，有韧性。

产地：

福建省武夷山。

茶叶介绍

铁罗汉茶，属乌龙茶类，产于闽北"秀甲东南"的名山武夷。铁罗汉树生长在岩缝之中，主要分布在武夷山内山（岩山）。武夷岩铁罗汉具有绿铁罗汉之清香、红铁罗汉之甘醇，是中国乌龙铁罗汉之极品。铁罗汉属半发酵，制作方法介于绿铁罗汉与红铁罗汉之间。

铁罗汉中含有的多酚具有很强的抗氧化性和生理活性，是人体自由基的清除剂，能阻断脂质过氧化反应，清除活性酶；还有助于斑状增生受到抑制，使形成血凝黏度增强的纤维蛋白原降低，凝血变清，从而抑制动脉粥样硬化。

◎**茶汤**

香气：香高持久，略带花香。

汤色：橙红明亮。

口感：醇厚甘鲜，有岩韵。

◎**叶底**

软亮匀齐。

白鸡冠

◎干茶

外形：条索紧结。
气味：清香。
手感：薄软。

产地：

福建省武夷山。

茶叶介绍

　　白鸡冠是武夷山"四大名丛"之一，是生长在慧苑岩火焰峰下外鬼洞和武夷山公祠后山的茶树，叶色淡绿，绿中带白，芽儿弯弯又毛茸茸的，形态就像白锦鸡头上的鸡冠，故名白鸡冠。

　　白鸡冠多次冲泡仍有余香，适制武夷岩茶（乌龙茶），抗性中等，适宜在武夷乌龙茶区种植，用该鲜叶制成的乌龙茶，是武夷岩茶中的精品。其采制特点与大红袍相似。

◎茶汤

香气：香高持久。
汤色：橙黄明亮。
口感：醇厚甘鲜。

◎叶底

沉重匀整。

 # 漳平水仙

产地：

福建省漳平市九鹏溪地区。

茶叶介绍

    漳平水仙，又称"纸包茶"，是乌龙茶类中唯一的紧压茶，品质珍奇，极具传统风味。漳平水仙是选取水仙品种茶树的一芽二叶或一芽三叶嫩梢、嫩叶为原料，经晒青、做青、炒青、揉捻、定型、烘焙等一系列工序制作而成，再用木模压制成方饼形状，具有经久藏、耐冲泡、久饮多饮不伤胃的特点。

    选购时，以色泽乌褐油润的为佳品，闻起来清香高长、带有兰花香味者最佳。

◎干茶

外形： 紧结卷曲。

气味： 花香。

手感： 有韧性。

◎茶汤

香气： 清高细长。

汤色： 橙黄清澈。

口感： 清醇爽口。

◎叶底

肥厚软亮。

 梨山乌龙

◎干茶

外形：肥壮紧结。
气味：梨果香。
手感：较为紧实。

产地：

台湾地区台中市梨山。

茶叶介绍

　　梨山乌龙主要产于台湾省台中市的梨山高冷乌龙茶园。茶园分布在海拔2000米的高山之上，云雾弥漫，昼夜温差大，极为有益茶树的生长，这种得天独厚的自然条件与栽种条件，使得梨山茶芽叶柔软，叶肉厚实，果胶质、氨基酸含量高。制成的成品茶香气优雅，显高山韵，滋味甘醇滑软，耐冲泡，其中以2～4泡香气最佳。

　　梨山乌龙冬茶农历九月中开始采收。春茶农历四月初开始采收，叶厚带有青翠茶，甘醇苦涩少，香气优雅具有花香，外观结实墨绿，是台湾茶之最。

　　梨山乌龙冲泡后茶汤汤色淡黄绿色、亮，滋味浓厚较醇，整体感受清扬，微苦涩回甘，花香上扬。

◎茶汤

香气：浓郁幽雅。
汤色：碧绿显黄。
口感：甘醇爽滑。

◎叶底

肥软整齐。

木栅铁观音

◎干茶

外形：条索圆结，色泽绿褐起霜。

气味：花果香。

手感：柔滑。

产地：

台湾地区北部。

茶叶介绍

　　木栅铁观音，属半发酵的青茶，是乌龙茶类中的极品。系清光绪年间由台湾地区木栅茶叶公司从福建安溪引进纯种铁观音茶种，种植于台湾地区北部的南里。因为此地土质与气候环境均与安溪原产地相近，所以生长良好，制茶品质亦十分优异。木栅铁观音有一种韵味，称"观音韵"或"官韵"。

　　木栅铁观音茶一年可采收4~5次，春茶和冬茶品质最佳，夏、秋茶因制茶技术的不断改进，品质也相当优异。铁观音茶的采制技术特别，不是采摘非常幼嫩的芽叶，而是采摘成熟新梢的2~3叶，俗称"开面采"，是指叶片已全部展开，形成驻芽时采摘。

◎茶汤

香气：浓厚清长。

汤色：金黄橙色，清澈明亮。

口感：回甘留香，微涩中带甘甜。

◎叶底

心绿边红。

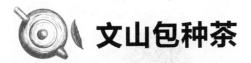 # 文山包种茶

产地:

台湾地区台北市文山地区。

茶叶介绍

文山包种茶，又称"清茶"，是由台湾乌龙茶种轻度半发酵制成的清香型绿色乌龙茶，素有"露凝香""雾凝春"的美誉，并以"香、浓、醇、韵、美"五大特色而闻名于世。文山包种茶的典型特征是：第一，香气幽雅清香，且带有明显的花香；第二，滋味甘醇鲜爽；第三，茶汤橙红明亮。

包种茶之采制分为春夏秋冬四季，3月中旬至5月上旬为春茶，5月下旬至8月中旬为夏茶，8月中旬至10月下旬为秋茶，10月下旬至11月中旬为冬茶。鲜叶采摘标准为新梢顶芽开面采二叶、三叶。

◎干茶

外形: 紧结卷曲，色泽乌褐或深绿。

气味: 似兰花香。

手感: 粗糙。

◎茶汤

香气: 清新持久，优雅清香。

汤色: 清澈明亮。

口感: 甘醇鲜爽。

◎叶底

红褐油亮。

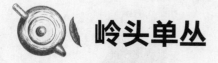 岭头单丛

◎ **干茶**

外形：紧结壮硕，色泽黄褐油润。

气味：清淡蜜香。

手感：有韧性。

产地：

广东省潮州市饶平县。

茶叶介绍

　　岭头单丛，又称"白叶单丛"，创制于1961年，是选取鲜叶经过晒青、做青、杀青、揉捻、烘干等工序制成的，其中做青是形成茶品"蜜韵"的关键工序。岭头单枞适宜在年平均温度19~23℃、雨水充沛的山地上种植，且土壤以砾质土为佳，土壤pH值要求4.5~5.5，最佳的种植高度为海拔350~600米。

　　岭头单丛具有独特的自然花香和蜜韵，品质优良，深受茶叶消费者的青睐，并在历次的茶叶评比活动中获殊荣，1986年和1990年被商业部评为"中国名茶"。

◎ **茶汤**

香气：清香蜜韵，清高持久。

汤色：橙红，清澈明亮。

口感：浓醇甘爽。

◎ **叶底**

绿腹红边。

 # 本山茶

产地：

福建省安溪县。

茶叶介绍

本山茶原产于安溪西尧阳，品质优良，系安溪四大名茶之一。

据1937年庄灿彰的《安溪茶业调查》介绍："中叶类，中芽种。树姿开张，枝条斜生，分枝细密；叶形椭圆，叶薄质脆，叶面稍内卷，叶缘波浪明显，叶齿大小不匀，芽密且梗细长，花果颇多。"

本山茶冲泡后香气沉稳持久，带兰花香、桂花香，茶水入口润滑稍苦后返甘甜，滋味醇厚鲜爽，带有轻微酸甜味。

◎干茶

外形：条索紧结，头大尾尖，色泽鲜润砂绿。

气味：清香透鼻。

手感：磨砂感。

◎茶汤

香气：香气高长。

汤色：金黄明亮。

口感：醇厚鲜爽。

◎叶底

肥壮匀整。

第七章

色黄而碧的 黄茶

中国黄茶历史悠久，其中不乏皇家贡茶。

黄茶因其芽叶金黄透亮，被称为"金芽玉叶"。

黄茶汤色鹅黄剔透，叶底嫩黄鲜亮，香气清新悠长，

极具饮用与欣赏价值，受到越来越多的人的青睐！

黄茶是我国特产茶叶，其制造历史悠久，佳品众多。

认识黄茶

据传闻黄茶是人们从炒青绿茶中发现的，由于杀青、揉捻后干燥不足或不及时，叶色因此变黄，于是产生了新的茶类——黄茶。

黄茶根据茶叶的嫩度和大小分为黄芽茶、黄大茶和黄小茶。主要产自安徽、湖南、四川、浙江等省，较有名的黄茶品种有莫干黄芽、霍山黄芽、君山银针、北港毛尖等。

黄茶属轻发酵茶类，制作工艺与绿茶相似，只是多了一道"闷黄"的工序。黄茶的"闷黄"工序是指通过湿热作用使茶叶内含成分发生变化，从而形成黄茶。黄茶干茶色泽金黄或黄绿、嫩黄，汤色黄绿明亮，叶底嫩黄匀齐，滋味鲜醇、甘爽、醇厚。

黄茶的分类

 黄芽茶

黄芽茶是黄茶中的佼佼者，要求芽叶要"细嫩、新鲜、匀齐、纯净"。黄芽茶的茶芽最细嫩，是采摘春季萌发的单芽或幼嫩的一芽一叶，再经过加工制成的。幼芽色黄而多白毫，故名黄芽，香味鲜醇。

最有名的黄芽茶品种有君山银针、蒙顶黄芽和霍山黄芽。

 黄小茶

黄小茶对茶芽的要求不及黄芽茶细嫩，但也秉承了"细嫩、新鲜、匀齐、纯净"的原则，采摘较为细嫩的芽叶进行加工，一芽一叶，条索细小。

黄小茶目前在国内的产量不大，主要品种有北港毛尖、沩山毛尖、远安鹿苑和平阳黄汤。

 黄大茶

黄大茶创制于明代隆庆年间，距今已有四百多年历史，是中国黄茶中产量最多的一类。黄大茶对茶芽的采摘要求也较宽松，其鲜叶采摘要求大枝大杆，一般为一芽四五叶，长度为10~13厘米。

选购黄茶的窍门

看产地： 购买黄茶前，先要了解黄茶的产地，每个产地不同茶区生产的茶叶及调制方法不同，口味也不同。

看生产日期： 购买黄茶时更需要注意生产日期和有效期限，以免买到过期的黄茶。

分辨好包装： 购买黄茶时要分辨好包装，茶包通常都是碎黄茶，冲泡时间短，适合上班族。如果要喝产地茶或特色茶，最好买罐装黄茶。

品味道： 品味完一口茶后，会感觉到淡淡的板栗香。如果放的量少会觉得是淡淡的甜玉米味道，量多就会觉得有板栗味了。

黄茶茶艺展示

　　黄茶的制作工艺与绿茶相似，只是多了一道"闷黄"的工序，因此形成了黄茶干茶色泽金黄或黄绿、嫩黄的特点。黄茶适宜用玻璃杯或盖碗冲泡，尤以玻璃杯泡黄茶为最佳，可欣赏茶叶似春笋破土，缓缓升降，有"三起三落"的妙趣奇观；适合冲泡的水温为75～80℃。黄茶汤色黄绿明亮，叶底嫩黄匀齐，滋味鲜醇、甘爽、醇厚。

扫一扫学茶艺

1.备具

准备好玻璃杯、茶荷、水盂、茶道组、水壶、茶巾、茶盘。

2.洁具

玻璃杯中倒入适量开水，旋转使玻璃杯壁均匀受热，弃水不用（可倒入水盂中）。

3.鉴茶

泡茶之前先请客人观赏干茶的茶形、色泽，还可以闻闻茶香。

4.置茶

将茶荷中的少许茶叶用茶匙轻缓拨入玻璃杯中。

5.温润泡

玻璃杯中倒入75~80℃的水，旋转玻璃杯，温润茶叶使茶叶均匀受热。

6.正式冲泡

玻璃杯中倒入75~80℃的水至七分满。

7.赏茶

观察茶叶变化及汤色。

8.闻香

饮用之前，先闻茶香。

9.品茶

闻香完毕后，便可品尝黄茶的滋味了。

品鉴黄茶

　　很多人都喝过君山银针、沩山毛尖等茶，但是对于黄茶却是不那么熟悉，只闻其名，不得其香。那么到底什么是黄茶呢？

　　黄茶的制造历史悠久，但因其产量少，工艺复杂而鲜为人知。历史上最早记载的黄茶，与现今所指的黄茶不同，是指茶树生长的芽叶自然显露黄色而得名，如：唐朝时期享有盛名的安徽寿州黄茶和作为贡茶的四川蒙顶黄芽，都因芽叶自然发黄而得名。

　　现今，黄茶以其厚重的历史底蕴，独特的天然香味，优良的内在品质，受到越来越多的人的青睐！

沩山毛尖

产地：

湖南省宁乡县。

茶叶介绍

　　说到毛尖茶，估计很多人都认为毛尖茶属于绿茶，但其实有一种毛尖茶例外，它不属于绿茶，那就是沩山毛尖。

　　沩山毛尖产于湖南省宁乡县，历史悠久。沩山毛尖的成茶品质特点为：外形微卷成块状，色泽黄亮油润，白毫显露，汤色橙黄透亮，松烟香气芬芳浓郁，滋味醇甜爽口。叶底黄亮嫩匀。颇受边疆人民喜爱，被视为礼茶之珍品、历代名茶，驰名中外，畅销各地。

　　很多人在购买沩山毛尖的时候，觉得茶叶越嫩越好，单纯地追求细嫩的纯芽。但其实沩山毛尖好喝与否，最重要的还是产地与茶山的海拔。

◎ **干茶**

外形：叶缘微卷，肥硕多毫，黄亮油润。

气味：有特殊的松烟香。

手感：温润。

◎ **茶汤**

香气：芬芳浓厚。

汤色：橙黄明亮。

口感：醇甜爽口。

◎ **叶底**

黄亮嫩匀。

 # 北港毛尖

产地：

湖南省岳阳市北港。

茶叶介绍

    北港毛尖是条形黄茶的一种，产自湖南岳阳康王乡北港邕湖一带。岳阳自古以来为游览胜地，其所产北港茶在唐代就很有名气，称"邕湖茶"。

    北港毛尖在清代乾隆年间已有名气，清代也是岳阳茶业的鼎盛时期。湘阴、临湘、平江、巴陵、华容等县茶叶相继快速发展起来。至光绪年间，岳阳茶叶种植面积达到30多万亩，产量20多万担。于1964年被评为湖南省优质名茶，后延续至今。

    北港毛尖鲜叶一般在清明后五六天开园采摘，要求一号毛尖原料为一芽一叶，二、三号毛尖为一芽二、三叶。抢晴天采，不采虫伤、紫色芽叶、鱼叶及蒂把。鲜叶随采随制，其加工方法分锅炒、锅揉、拍汗、复炒复揉及烘干五道程序。

◎ 干茶

外形：芽壮叶肥，呈金黄色。
气味：新茶的茶香较为明显。
手感：扁平光滑。

◎ 茶汤

香气：香气清高。
汤色：汤色橙黄。
口感：甘甜醇厚。

◎ 叶底

嫩黄似朵。

茶叶小趣闻

史料记载：唐代斐济《茶述》中列出了十种贡茶，邕湖茶就是其中之一。唐代李肇《唐国史补》（758年左右）载："风俗贵茶，茶之名品益众……湖南有衡山，岳州有灉湖之含膏。"同时相传，文成公主当年出嫁西藏时，曾带去灉（邕）湖茶。唐末诗僧齐己诗云："灉湖唯上贡，何以惠寻常？"

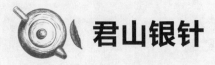

君山银针

◎干茶

外形：芽头健壮，金黄发亮，白毫毕显，外形似银针。

气味：清香醉人。

手感：光滑平整。

产地：

湖南省岳阳市洞庭湖中的君山。

茶叶介绍

君山银针是黄茶中最杰出的代表，色、香、味、形俱佳，是茶中珍品。君山银针在历史上曾被称为"黄翎毛""白毛尖"等，后因它茶芽挺直，布满白毫，形似银针，于是得名"君山银针"。

君山银针始于唐代，清朝时被列为"贡茶"。君山茶分为"尖茶""茸茶"两种。"尖茶"如茶剑，白毛茸然，纳为贡茶，素称"贡尖"。

君山银针的制作工艺非常精湛，需经过杀青、摊凉、复包、足火等八道工序，历时三四天之久。优质的君山银针茶在制作时特别注意杀青、包黄与烘焙的过程。

◎茶汤

香气：毫香清醇，清香浓郁。

汤色：杏黄明净。

口感：甘醇甜爽，满口芳香。

◎叶底

肥厚匀齐，嫩黄清亮。

茶叶小趣闻

传说君山银针原名白鹤茶。据传初唐时，有一位名叫白鹤真人的云游道士从海外仙山归来，随身带了八株神仙赐予的茶苗，将它种在君山岛上。后来，他修起了巍峨壮观的白鹤寺，又挖了一口白鹤井。白鹤真人取白鹤井水冲泡仙茶，只见杯中一股白气袅袅上升，水气中一只白鹤冲天而去，此茶由此得名"白鹤茶"。又因为此茶颜色金黄，形似黄雀的翎毛，所以别名"黄翎毛"。后来，此茶传到长安，深得天子宠爱，遂将白鹤茶与白鹤井水定为贡品。

有一年进贡时，船过长江，由于风浪颠簸把随船带来的白鹤井水给泼掉了。押船的州官吓得面如土色，急中生智，只好取江水鱼目混珠。运到长安后，皇帝泡茶，只见茶叶上下浮沉却不见白鹤冲天，心中纳闷，随口说道："白鹤居然死了！"岂料金口一开，即为玉言，从此白鹤井的井水就枯竭了，白鹤真人也不知所踪。但是白鹤茶却流传下来，即是今天的君山银针茶。

贮藏

如果是家庭用的君山银针茶叶，可以将干燥的茶叶用软白纸包好，轻轻挤压排出空气，再用细软绳扎紧袋口，放入干燥、无味、密封的铁筒内储藏。

 霍山黄芽

◎ **干茶**

外形：形似雀舌，嫩绿披毫。

气味：清香持久。

手感：鲜嫩柔软。

产地：

安徽省六安市霍山县。

茶叶介绍

　　霍山黄芽产于安徽霍山大花坪金子山、漫水河金竹坪、上土市九宫山、单龙寺、磨子谭、胡家河等地，为中国名茶之一。

　　霍山黄芽鲜叶细嫩，因山高地寒，开采期一般在谷雨前3~5天，采摘标准一芽一叶、一芽二叶初展。黄芽要求鲜叶新鲜度好，采回鲜叶应薄摊散失表面水分，一般上午采下午制，下午采当晚制完。制作工艺包括杀青、初烘、摊放、复烘、足烘五道工序。

◎ **茶汤**

香气：茶香浓郁。

汤色：黄绿清澈。

口感：鲜醇浓厚。

　　霍山黄芽历史悠久，唐朝时期是以饼茶、散茶和末茶并存的，但是主要是以饼茶为主的。宋代时改饼茶为散茶。清代时，霍山黄芽被列为贡茶。

　　现如今，霍山黄芽的制作工艺更加严格，制作出来的茶叶有黄茶的金黄色，和绿茶的独特味道，突出霍山黄芽的特点。

◎ **叶底**

嫩黄明亮。

茶叶小趣闻

传说唐太宗的御妹玉真公主李翠莲出生在帝王之家，自幼淡泊名利，敬佛修善，经常出没于京城大小寺庙之中。虽贵为公主，但千经万典，无所不通；佛号仙音，无经不会。在唐太宗为玄奘法师西域取经饯行的法会上，李翠莲巧遇一位霍山南岳庙的游方高僧。高僧见李翠莲面相慈悲，骨格清奇，便对李翠莲说道："公主出身豪门，心怀慈悲，幼时即结佛缘，甚是难得，如能在东南方出家修行，他日必成正果。"李翠莲听了高僧一席话后，更坚定了她出家修行的决心。于是，在一个秋阳高照的日子，她悄然离开京城，千里迢迢地来到霍山，在霍山县令和南岳高僧的帮助下，到了挂龙尖上的一座庵庙，削发为尼，当上了住持。

李翠莲在京城时虽不食荤，却酷爱饮茶。霍山是著名的黄芽茶之乡，李翠莲在诵经弘法之余，也带领众尼随当地茶农一起采茶制茶，乐此不疲。李翠莲在采茶制茶之初，遍访当地茶农，虚心请教采茶制茶的经验。晚上，李翠莲在灯下细心研读陆羽《茶经》。几年后，李翠莲终于悟出茶叶制作的精髓，总结了一套完整的采茶制茶方法和加工工艺。她制作的茶叶有一种独特的清香之气，得到当地茶农的赞赏，经常向她讨教制茶中遇到的疑难问题。

一天，一位农妇捧着一包自制的生茶，请李翠莲品尝指导。李翠莲品尝之后甚是惊讶。见此茶虽然制作粗糙，但茶质甚好。急问农妇此茶产于何处。农妇答道，此茶产于抱儿峰（今霍山太阳乡金竹坪附近）。李翠莲听完农妇介绍之后，感叹不已。从此以后，每到春季谷雨前，就带领众尼跋山涉水，到抱儿峰一带采摘茶叶。回来后用她独特的制作工艺，精心烘制。此茶经诸多茶农茶商品尝后，称之为黄茶之冠，茶中极品。

后送于太宗李世民品尝，太宗当即降旨，将抱儿峰黄芽茶纳为朝廷贡茶，岁贡300斤。太宗皇帝为霍山黄芽茶赐名并亲笔题写"抱儿钟秀"茶名，一时在民间传为佳话。

贮藏

霍山黄芽是我国名茶之一，不少人都喜欢喝，但是保存不当，霍山黄芽就容易吸收水分，产生异味和发霉变坏。因此宜将密封好的霍山黄芽放到冰箱里储存，在低温状态下，霍山黄芽茶叶不那么容易变质。

蒙顶黄芽

◎ **干茶**

外形：扁平挺直，色泽黄润。
气味：甜香怡人。
手感：光滑平直。

产地：

四川省蒙山。

茶叶介绍

　　蒙顶黄芽，属黄茶，为黄茶之极品。

　　蒙顶黄芽采摘于春分时节，当茶树上有百分之十左右的芽头鳞片展开，即可开园。选采肥壮的芽和一芽一叶初展的芽头。采摘时严格做到"五不采"，即紫芽、病虫为害芽、露水芽、瘦芽、空心芽不采。采回的茶叶嫩芽要及时摊放，及时加工。

　　蒙顶黄芽制造分杀青、初包、复炒、复包、三炒、堆积摊放、四炒、烘焙八道工序。其成品外形扁直，色泽微黄，芽毫毕露，甜香浓郁，汤色黄亮，滋味鲜醇回甘，叶底全芽，嫩黄匀齐，为蒙山茶中的极品。

◎ **茶汤**

香气：甜香鲜嫩。
汤色：黄中透碧。
口感：甘醇鲜爽。

◎ **叶底**

全芽，嫩黄匀齐。

茶叶小趣闻

史料记载：蒙山产茶历史悠久，距今已有2000多年，许多古籍对此都有记载。如清代赵懿《蒙顶茶说》上载："名山之茶美于蒙，蒙顶又美之上清峰，茶园七株又美之，世传甘露慧禅师手所植也，二千年不枯不长。其茶，叶细而长，味甘而清，色黄而碧，酌杯中香云蒙覆其上，凝结不散，以其异，谓曰仙茶。每岁采贡三百三十五斤。"有诗云："蒙茸香叶如轻罗，自唐进贡入天府。"蒙顶茶自唐开始，直到明、清皆为贡品，为我国历史上最有名的贡茶之一。

蒙顶山区气候温和，年平均温度14～15℃，年平均降水量2000毫米左右，阴雨天较多，年日照量仅1000小时左右，一年中雾日多达280～300天。雨多、雾多、云多是蒙山的特点。每年初春开始，细雨绵绵。只有秋季才会有天高云淡的景象。据统计，这里夜间雨量占总雨量的三分之二以上，真是"天漏中心夜雨多"。

贮藏

如果蒙顶黄芽没办法在短时间内喝完，为保证饮用品质，一定要用恰当的方法储存。一般家庭饮用会购买小规格包装的茶叶，分批放置，尽量减少平时饮用过程中因环境条件的影响而使茶叶变质的情况即可。

 # 莫干黄芽

◎ **干茶**

外形：细如雀舌，黄嫩油润。

气味：清爽嫩香。

手感：细嫩光滑。

产地：

浙江省湖州市德清县。

茶叶介绍

　　莫干黄芽，又名横岭1号，产于浙江省德清县的莫干山，为浙江省第一批省级名茶之一。茶区常年云雾笼罩，空气湿润；土质多酸性灰、黄壤，腐殖质丰富，为茶叶的生长提供了优越的环境。莫干黄芽条紧纤秀，细似莲心，含嫩黄白毫芽尖，故此得名。此茶属莫干云雾茶的上品，其品质特点是黄叶黄汤，这种黄色是制茶过程中进行渥堆、闷黄的结果。

　　莫干黄芽干茶是经杀青、轻揉、微渥堆、炒二青、烘焙干燥、过筛等传统工序，所制成品，芽叶完整，净度良好，外形紧细成条似莲心，芽叶肥壮显茸毫，色泽黄嫩油润。

◎ **茶汤**

香气：清鲜幽雅。

汤色：橙黄明亮。

口感：鲜美醇爽。

◎ **叶底**

细嫩成朵。

茶叶小趣闻

　　史料记载：莫干山产茶早在晋代就有僧侣就在此山种茶。陆羽的《茶经》、明雪峤大师的《双髻山居》、清唐靖的《前溪逸志》、吴康侯的《莫干山记》和诗僧秋谭都曾记述过莫干茶事。清《武康县志》有"茶产塔山者尤佳，寺僧种植其上，茶吸云雾，其芳烈十倍"的记载。

　　《史记》称：寿春之山有黄芽焉，可煮而饮，久服得仙。六霍旧寿春故也。一曰仙芽，又称寿州莫干黄芽。六安州小岘春，皆茶之极品，明朝始入贡。自弘治七年分设霍山县，州县县贡。县户采办者例应汇州总进。

贮藏

　　可用干燥箱贮存或陶罐存放莫干黄芽茶叶。罐内底部放置双层棉纸，罐口放置二层棉布而后压上盖子。

第八章

如银似雪的白茶

白茶外表满披白毫，如银似雪，故称"白茶"。
白茶的制法独特，不炒不揉，
不似绿茶杀青、红茶发酵、普洱陈化，
它只经日晒，味道却精微而鲜灵。

白茶外观呈白色，因其成品茶多为芽头，满披白毫，如银似雪而得名，是我国茶类中的特殊珍品。

认识白茶

白茶属于轻微发酵茶，其制作工序包括萎凋、烘焙（或阴干）、拣剔、复火等，但现代白茶的制作工序一般只有萎凋、干燥两道，萎凋是形成白茶品质的关键工序。白茶主要产于福建省的福鼎、政和、建阳等地，著名的品种有白牡丹、寿眉等。

夏天适合喝白茶，因为白茶性寒味甘，具有清热、降暑、祛火的功效。

白茶的分类

 按茶树品种分类

白茶最早是采用菜茶茶树（指用种子繁殖的茶树群种）的芽叶制作而成，后逐渐选用水仙、福鼎大白、政和大白、福鼎大毫、福安大白、福云六号等茶树品种。故而白茶可按照所采摘的茶树品种不同而分类：采自政和大白等大白茶树品种的称为"大白"；采自菜茶茶树品种的称为"小白"；采自水仙茶树品种的称为"水仙白"。从白茶的发展史看，先有小白，后有大白，再有水仙白。

 按采摘嫩度分类

白茶依鲜叶的采摘标准不同分为银针、白牡丹、贡眉和寿眉。其中银针属"白芽茶"，白牡丹、贡眉、寿眉属"白叶茶"。

白芽茶

白芽茶是用大白茶或其他茸毛特多品种的肥壮芽头制成的白茶，即"银针"，要采摘第一真叶刚离芽体但尚未展开的芽头，然后剥离真叶制作成红茶或绿茶，单用芽身制作银针。代表品种是"白毫银针"，由于鲜叶原料全部是茶芽，其外观挺直似针，满披白毫，如银似雪，素有茶中"美女"之美称。

白叶茶

白叶茶是指用芽叶茸毛多的品种制成的白茶，采摘一芽二三叶或单片叶，经萎凋、干燥而成，主要产于福建福鼎、政和、建阳等地。

采用嫩尖芽叶制作，成品冲泡后形态有如花朵的称为"白牡丹"。

选购白茶的窍门

看外形： 以条索粗松带卷、色泽褐绿为上，无芽、色泽棕褐为次。

看色泽： 色泽以鲜亮为好，花杂、暗红、焦红边为差。

闻香气： 以毫香浓郁、清鲜纯正为上，淡薄、生青气、发霉失鲜、有红茶发酵气为次。

看汤色： 汤色以橙黄明亮或浅杏黄色为好，暗、浊为劣。

品滋味： 以鲜美、醇爽、清甜为上，粗涩、淡薄为差。

白茶茶艺展示

白茶因没有揉捻工序，所以茶汤冲泡出来的速度比其他茶类要慢一些，因此白茶的冲泡时间比较长。白茶的色泽灰绿、银毫披身、银白，汤色黄绿清澈，滋味清醇甘爽。

饮用白茶要先闻其香再品其味，冲泡白茶的水温要求在75～80℃。

扫一扫学茶艺

1.备具

准备好玻璃杯、茶荷、水盂、茶道组、水壶、茶巾、茶盘。

2.洁具

玻璃杯中倒入适量开水，旋转使玻璃杯壁均匀受热，弃水不用（可倒入水盂中）。

3.鉴茶

泡茶之前请先请客人观赏干茶的茶形、色泽，还可以闻闻茶香。

4.置茶

将茶荷中的少许茶叶用茶匙轻缓拨入玻璃杯中。

5.温润泡

玻璃杯中倒入75~80℃的水，旋转玻璃杯，温润茶叶使茶叶均匀受热。

6.正式冲泡

玻璃杯中倒入75~80℃的水至七分满。

7.赏茶

观察茶叶变化及汤色。

8.闻香

饮用之前，先闻茶香。

9.品茶

闻香之后再品尝其滋味，白茶入口后甘醇清鲜。

品鉴白茶

白茶可以说是福建独有的。它主要产于福建的福鼎、政和、建阳、松溪等市县。其制法独特，不炒不揉，成茶外表满披白毫，色泽银白灰绿，故名"白茶"。但是相比其他茶，多数人对它知之甚少，加之受文献记载、茶名表述、茶树品种、产地等多种因素的影响，使它很容易被人们混淆。

白茶，与其他茶类的不同点之一，就是其耐久存，也因此有老白茶这一概念。白茶存放过程中会发生近乎奇幻的转化，并通过香气、颜色、口感等形式表现出来。好的白茶，冲泡之后，叶底鲜活，不会给人一种死气沉沉之感。

福鼎白茶

◎干茶

外形：分支浓密。
气味：气味清而纯。
手感：薄嫩轻巧。

产地：

福建省福鼎市。

茶叶介绍

福建省是白茶之乡，以福鼎白茶品质最佳、最优。

目前市场上有很多冠以"白茶"的茶叶，其绝大部分不属于白茶类的白茶，真实身份是"白叶茶"，其加工工艺属于绿茶类，它们是选用白叶茶品种芽叶，经过杀青、造型加工制作而成，外观色泽为绿色。福鼎白茶是采用白毫丰富的"华茶1号"（福鼎大白）、"华茶2号"（福鼎大毫）的芽叶，不经过杀青直接萎凋、烘干制成，茶叶满披白毫，外观色泽呈银白色。

福鼎白茶是通过采摘最优质的茶芽，再经过萎凋、烘干、保存等一系列精制工艺而制成的。福鼎白茶根据气温采摘玉白色一芽一叶初展鲜叶，做到早采、嫩采、勤采、净采，芽叶成朵，大小均匀，留柄要短，轻采轻放，竹篓盛装、竹筐贮运。

◎茶汤

香气：香味醇正。
汤色：杏黄清透。
口感：回味甘甜。

◎叶底

浅灰薄嫩。

 # 白毫银针

◎**干茶**

外形：茶芽肥壮。

气味：清鲜温和。

手感：肥嫩光滑。

产地：

福建省福鼎、政和。

茶叶介绍

白毫银针，简称银针，又叫白毫，素有茶中"美女"之美称。由于鲜叶原料全部是茶芽，白毫银针制成成品茶之后，形状似针，白毫密被，色白如银，因此命名为白毫银针。冲泡后，香气清鲜，滋味醇和，杯中的景观也使人情趣横生。

◎**茶汤**

香气：毫香浓郁。

汤色：清澈晶亮。

口感：甘醇清鲜。

白毫银针因产地和茶树品种不同，又分北路银针和南路银针两个品目。白毫北路银针，产于福建福鼎，茶树品种为福鼎大白茶（又名福鼎白毫）。外形优美，芽头壮实，毫毛厚密，富有光泽，汤色碧清，呈杏黄色，香气清淡，滋味醇和。白毫南路银针，产于福建政和，茶树品种为政和大白茶。外形粗壮，芽长，毫毛略薄，光泽不如北路银针，但香气清鲜，滋味浓厚。

◎**叶底**

粗嫩芽长，黄绿嫩匀。

茶叶小趣闻

很早以前有一年，政和一带亢旱不雨，瘟疫四起，在洞宫山上的一口龙井旁有几株仙草，草汁能治百病。许多勇敢的小伙子纷纷去寻找仙草，但都有去无回。有一户人家，家中兄妹三人志刚、志诚和志玉，商定轮流去找仙草。

这一天，志刚来到洞宫山下，这时路旁走出一位老爷爷告诉他说仙草就在山上龙井旁，上山时只能向前，不能回头，否则采不到仙草。志刚一口气爬到半山腰，只见满山乱石，阴沉恐怖，但忽听一声大叫："你敢往上闯！"志刚一惊，一回头，马上变成了这乱石岗上的一块新石头。志诚接着去找仙草。但在爬到半山腰时因为回头也变成了一块巨石。

找仙草的重任终于落到了志玉的头上。她出发后，途中也碰见白发爷爷，同样告诉她万万不能回头等话，且送她一块烤糍粑，志玉用糍粑塞住耳朵，果断不回头，终于爬上山顶来到龙井旁，采下仙草上的芽叶，并用井水浇灌仙草，仙草开花结子。志玉摘下种子，当即下山，回籍后将种子种满山坡。这种仙草即是茶树，这即是白毫银针名茶的来历。

白毫银针在1891年开始外销。1912～1916年为繁盛时期。1982年被商业部评为全国名茶，在30种名茶中列第二位。

贮藏

白毫银针在一定条件下易产生化学变化，这就是所说的"茶变"。若是准备贮存白毫银针，先要检查一下白毫银针的含水量，含水量越低越好。检查方法是用手指轻轻捏一捏，如果成粉末状，说明含水量较低，可以贮藏。

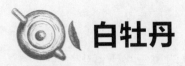 # 白牡丹

◎干茶

外形：叶张肥嫩。

气味：毫香鲜嫩持久。

手感：肥壮，触碰时有茸毛感。

产地：

福建省政和、建阳、福鼎、松溪等县。

茶叶介绍

　　白牡丹茶属白茶类，它以绿叶夹银白色毫心，形似花朵，冲泡之后绿叶托着嫩芽，宛若蓓蕾初开，故名白牡丹，是中国福建省历史名茶，采用福鼎大白茶、福鼎大毫茶为原料，经传统工艺加工而成。

　　用于制造白牡丹的原料要求白毫显，芽叶肥嫩。传统采摘标准是春茶第一轮嫩梢采下一芽二叶，芽与二叶的长度基本相等，并要求"三白"，即芽及二叶满披白色茸毛。夏秋茶茶芽较瘦，不采制白牡丹。

　　白牡丹茶干茶制作不经炒揉，只有萎凋及焙干两道工序。萎凋以室内自然萎凋的品质为佳。白牡丹两叶抱一芽，叶态自然，色泽深灰绿或暗青苔色，叶张肥嫩，呈波纹隆起，叶背遍布洁白茸毛，叶缘向叶背微卷，芽叶连枝为上品。

◎茶汤

香气：毫香浓显。

汤色：杏黄明净。

口感：鲜爽清甜。

◎叶底

浅灰成朵。

茶叶小趣闻

传说白牡丹这种茶树是牡丹花变成的。在西汉时期，有位名叫毛义的太守，清廉刚正，因看不惯贪官当道，于是弃官随母去深山老林归隐。母子俩骑白马来到一座青山前，只觉得异香扑鼻，于是便向路旁一位鹤发童颜、银须垂胸的老者探问香味来自何处。老人指着莲花池畔的18棵白牡丹说，香味就来源于它们。母子俩见此处似仙境一般，便留了下来，建庙修道，护花栽茶。

一天，母亲因年老加之劳累，口吐鲜血病倒了。毛义四处寻药，正在万分焦急、非常疲劳睡倒在路旁时，梦中又遇见了那位白发银须的仙翁，仙翁告诉他："治你母亲的病须用鲤鱼配新茶。"毛义醒来回到家中，母亲对他说："刚才梦见仙翁说我须吃鲤

鱼配新茶，病才能治好。"母子二人同做一梦，认为定是仙人的指点。这时正值寒冬季节，到哪里去采新茶呢？正在为难之时，忽听得一声巨响，那18棵牡丹竟变成了18棵仙茶，树上长满嫩绿的新芽叶。毛义立即采下晒干，说也奇怪，白毛茸茸的茶叶竟像是朵朵白牡丹花，且香气扑鼻。毛义立即用新茶煮鲤鱼给母亲吃，母亲的病果然好了，她嘱咐儿子好生看管这18棵茶树，说罢跨出门便飘然飞去，变成了掌管这一带青山的茶仙，帮助百姓种茶。后来为了纪念毛义弃官种茶，造福百姓的功绩，建起了白牡丹庙，把这一带产的名茶叫作"白牡丹茶"。

贮藏

白牡丹茶是轻微发酵茶，是所有茶中最易陈化变质的茶，不能长期存放。茶叶吸湿及吸味性强，很容易吸附空气中的水分及异味，贮存方法稍有不当，就易产生茶变。保存白牡丹的容器应以锡瓶、瓷坛、有色玻璃瓶为佳。

 # 贡眉

产地：

福建省建阳市。

茶叶介绍

　　贡眉，有时称作寿眉，产于福建建阳市。用茶芽叶制成的毛茶称为"小白"，以区别于福鼎大白茶、政和大白茶茶树芽叶制成的"大白"毛茶。茶芽曾用以制造白毫银针，其后改用大白制白毫银针和白牡丹，而小白则用以制造贡眉。一般以贡眉表示上品，质量优于寿眉，近年则一般只称贡眉，而不再有寿眉的商品出口。

　　贡眉原料采摘标准为一芽二叶至三叶，要求含有嫩芽、壮芽。贡眉的基本加工工艺分为萎凋、烘干、拣剔、烘焙、装箱。成品茶毫心明显，茸毫色白且多，干茶色泽翠绿。

◎ **干茶**

外形：形似扁眉。
气味：气味鲜纯。
手感：扁薄滑腻。

◎ **茶汤**

香气：香高清鲜。
汤色：绿而清澈。
口感：醇厚爽口。

◎ **叶底**

匀整柔软、明亮。

茶叶小趣闻

"贡眉白茶"历史悠久，原产地就在漳墩镇，清乾隆三十七年（1772年）形成白茶主产区，具有200多年的生产历史。当时由该镇南坑村萧氏兄弟所创制。

据《茶叶通史》载："'民国'二十五年（1936年）水吉产白茶1640担，约占全省白茶出口的48.17%。'民国'二十九年（1940年）核准加工水吉出口白茶3600箱（其中白牡丹950箱，寿眉2650箱），占全国侨销茶的三分之一。"

改革开放后，随着农村产业结构调整，南坑白茶生产恢复生机。1984年贡眉白茶在合肥全国名茶品质鉴评会上被授予"中国名茶"称号。2006年1月与2009年8月，韩国茶联会会长、韩国国际茶叶研究会长郑仁梧率茶道大学院茶文化考察团一行，两次来到漳墩镇对"贡眉白茶"进行考察、交流。

贮藏

保存贡眉的容器以锡盒、瓷坛最佳，其次宜用铁盒、木盒、竹盒等，塑料袋、纸盒也可使用。若是使用铁盒保存贡眉则要注意置于阴凉处，不能放在阳光直射或潮湿、有热源的地方，这样一方面可防止铁盒氧化生锈，又可抑制盒内茶叶陈化、劣变的速度。

 # 月光白

产地：

云南省思茅地区。

茶叶介绍

  月光白，又名月光美人，它的形状奇异，一芽一叶，一面白，一面黑，表面绒白，底面黝黑，叶芽显毫白亮，看上去犹如一轮弯弯的月亮，就像月光照在茶芽上，故此得名。

  月光白采用普洱古茶树的芽叶制作，是普洱茶中的特色茶，因其采摘手法独特，且制作的工艺流程秘而不宣，因此更增添了几分神秘色彩。

  一般的月光白，从外观看，面白背黑，色泽分明，汤色清淡、清亮洁净。气味方面，花香馥郁。口感方面，无苦涩、润泽爽滑、甜香四溢。现在市场以月光白命名的茶品越来越多，而以景迈古树料制作的被公认为最佳品。

◎ **干茶**

外形：弯弯如月，茶绒纤纤。

气味：强烈的花果香。

手感：温润饱满。

◎ **茶汤**

香气：馥郁缠绵，脱俗飘逸。

汤色：金黄透亮。

口感：醇厚饱满，香醇温润。

◎ **叶底**

黄绿嫩匀。

茶叶小趣闻

传闻南发来是景洪傣王召孟勐的七公主。她美丽善良，勤劳勇敢，是坝子里傣族美丽和智慧的化身。为了巴朗部落与傣族部落的和平、友好，舍弃王宫天堂般的生活，上山与巴朗人帕艾冷共结连理。

南发来不仅教会巴朗人开挖梯田种植水稻，并为其大面积人工种茶带来了技术，使巴朗人从树皮遮身走进了文明社会。后来的茶文化，最早就是由巴朗人开创而来。而南发来则被巴朗人尊称为"族母"，即是"茶母"。"月光白"茶则是巴朗人从众多茗茶中选用来进贡王族的极品，它被民间称颂如"七公主"般圣洁、高贵，是"七公主"美丽的化身。

史料记载月光白的主要原料景谷大白茶，其核心原产地在云南普洱景谷县民乐乡大村秧塔。大白茶为何人所栽？据记载，秧塔大白茶种植历史有160多年，清道光二十年（1840年），陈家从勐库茶山采得数十粒种子，藏于竹筒扁担中带回种植，出苗后发现一株芽叶黄色的茶苗，就把它移到家边园地里，这株奇特的茶苗就是现在的秧塔大白茶。

由此可以说，大白茶是民间选种的成果。当时种植的老树如今仍然尚在，而且长势良好。

贮藏

日常生活中，月光白茶一定要保存在密封、低温的环境中，才不会变质。

第九章

芳香怡人的花茶

花茶又称"香片"，在中国已有一千余年的历史，
茶香与花香混合在一起，芳香怡人，滋味甘甜。
花茶是天然绿色饮品，长期饮用美容养颜，
自古以来就深受女士的青睐！

与六大茶类不同，花茶的制作工艺独具有浪漫主义色彩，香味浓郁，茶汤色深，深得年轻人的喜爱。

认识花茶

　　花茶又称"香片"，主要是以绿茶、红茶、乌龙茶为茶坯，配以能够吐香的鲜花作为原料，采用窨制工艺制作而成的茶叶。花茶按照其材料、制作工艺的不同，一般可分为花草（果）茶、窨花茶、工艺花茶三类。茶香与花香混合在一起，闻起来使人精神愉悦，喝来使人神清气爽，还具有许多保健功效。

　　中国花茶始于南宋，已有一千余年的历史。最早的加工中心是在福州，从12世纪起，花茶的窨制扩展到苏杭一带。明代顾元庆（1564~1639年）《茶谱》一书中较详细记载了窨制花茶的香花品种和制茶方法："茉莉、玫瑰、蔷薇、兰蕙、橘花、栀子、木香、梅花，皆可作茶"。但大规模窨制花茶则始于清代咸丰年间（1851~1861年），到1890年花茶生产已较普遍。

花茶的分类

 花草（果）茶

花草（果）茶即将植物的花或叶或其果实干燥而成的茶，气味芳香并具有养生功效。饮用叶或花地称之为花草茶，如玫瑰花茶、甜菊叶茶、荷叶茶；饮用其果实地称之为花果茶，如无花果茶、山楂茶、罗汉果茶。

 窨花茶

窨花茶又称熏花茶、香片，例如：茉莉花茶、珠兰花茶、玉兰花茶、桂花龙井等，利用茶善于吸收异味的特点，将有香味的鲜花和新茶一起闷，待茶将香味吸收后再把干花筛除制成的，因此干茶中虽然没有花，冲泡之后却有浓郁的花香。窨花茶一般用绿茶制作，也有用红茶、乌龙茶制作的。

 工艺花茶

工艺花茶又称艺术茶、特种工艺茶，是指以茶叶和可食用花卉为原料，经整形、捆扎等工艺制成外观造型各异，冲泡时可在水中开放出不同形态的造型花茶。根据冲泡时的动态艺术感可分为三类：绽放型工艺花茶，即冲泡时茶中内饰花卉缓慢绽放的工艺花茶；跃动型工艺花茶，即冲泡时茶中内饰花卉有明显跃动升起的工艺花茶；飘絮型工艺花茶，即冲泡时有细小花絮从茶中飘起再缓慢下落的工艺花茶。冲泡工艺花茶一般选用透明的高脚玻璃杯，便于观赏其造型。

选购花茶的窍门

花草茶： 选购花草茶时，应挑选不散碎、干净无杂质、香气清新自然的优质花草茶。

窨制花茶： 选购窨制花茶时，应挑选外形完整、条索紧结匀整，汤色浅黄明亮，叶底细嫩匀亮，不存在其他碎茶或杂质的优质花茶。

工艺花茶： 挑选工艺花茶时应查看其造型是否完整，有无虫蛀，优质工艺花茶泡开后造型完整，香气淡雅。

花茶茶艺展示

　　窨制花茶的茶汤取决于茶坯的种类：茉莉花茶的茶汤就是绿茶的茶汤，桂花乌龙的茶汤是乌龙茶的茶汤，茉莉红茶的茶汤就是红茶的茶汤；花草茶的茶汤颜色是干花本身的颜色；工艺花茶的茶汤一般是绿茶的茶汤，茶香与花香完美融合，滋味醇和。

1.备具

准备好盖碗、公道杯、茶漏、品茗杯、茶盘、茶荷、茶道组、茶巾、煮水器。

2.洁具

把沸水倒入盖碗，再将盖碗中的水倒入公道杯及各品茗杯，以此来温热各个茶具。

3.置茶

用茶匙把茶荷中的茉莉花茶拨入盖碗中，投茶量为盖碗容量的1/4左右。

4.冲泡

往盖碗中冲水至八分满。

5.闷茶

盖上盖子，让茶叶闷泡1分钟。

6.奉茶

将茶汤滤入公道杯中，再倒入各品茗杯中至七分满，双手端给宾客品饮。

Tips：

在专业的茶艺师实操技能考试中花茶冲泡茶具要求是使用3~4个同样大小花色的盖碗进行冲泡。连盖带托的盖碗，具有较好的保持香气的作用，可用来冲泡香气较足的茶种。也可用来冲泡绿茶，但不加盖，以免闷黄芽叶。此外，盖碗也可用于黄茶、白茶及红茶的冲泡。

品鉴花茶

　　随着茶的发展和演进，品类也越发繁多。大体上，传统茶分为绿茶、红茶、白茶、青茶（乌龙茶）、黄茶、黑茶六大类，传统茶比较完整地保留了茶的原始状态，茶味浓郁，滋味回甘。除此之外，还有一种茶——花茶，也被人称为第七大类茶。在以风韵著称的唐宋，以珍果香草花入茶的风气就开始流行，花茶艺术成为社会审美情致的表达。

　　花茶具芳香辛散之气，不仅可以提神醒脑，消除睡意，使春困自消，也有利于散发冬季积聚在体内的寒邪，促进体内阳气生发，令人神清气爽。

菊花茶

产地：

湖北省大别山、浙江省桐乡、安徽省亳州。

茶叶介绍

　　菊花为人们所认识的样子总是多姿多彩，明黄鲜艳。除了极具观赏性，菊花茶的用途也很广泛，在家庭聚会、下午茶、饭后消食解腻的时候，菊花茶常被作为饮品饮用。菊花产地分布各地，自然品种繁多，比较引人注目的则有黄菊、白菊、杭白菊、贡菊、德菊、川菊、滁菊等，大多都具备较高的药用价值。

　　根据记载，唐朝人已开始有喝菊花茶的习惯。菊花可单独泡饮，也可与其他茶叶同泡。菊花泡龙井称之"菊井"，泡普洱称之"菊普"，菊香茶韵，相得益彰。明清时菊花茶是一种清凉茶饮，到清朝已普及大众。直至今日，菊花茶因其具有疏风散热、清肝明目等多重保健功能而依然备受人们的青睐。

◎干茶

外形：花朵外形，色泽明黄。
气味：菊花清香。
手感：松软、顺滑。

◎茶汤

香气：清香怡人。
汤色：黄色。
口感：滋味甘甜。

◎叶底

叶子细嫩。

金丝皇菊

◎干茶

外形：成散落状，金蕊艳黄。
气味：菊花清香。
手感：顺滑，毛绒感。

产地：

江西省九江市修水县。

茶叶介绍

金丝皇菊，来自江西修水，修水自然资源丰富，是贡茶宁红的故乡。金丝皇菊是当地一宝，人工除草，施农家肥，生态自然，每单枝仅保留一个花蕾，其花形越大越圆润饱满，为皇菊之上品。金丝皇菊味甘苦，性微寒，具有疏散风热、平抑肝阳、清肝明目、清热解毒的功效；且长相美好，花色动人，具备欣赏价值。

真正好的金丝皇菊泡出来是非常漂亮的，就像一朵盛开的菊花，花瓣丝状明显，而且不易脱落，如果一朵金丝皇菊用热水一冲花瓣就散落了，那是不合格的。金丝皇菊入口会有淡淡的菊花香气，喝进去之后口腔内会有回甘，它并不属于六大茶类的哪一种，所以没有茶那么浓郁的口感。

◎茶汤

香气：清香扑鼻。
汤色：浅黄透亮。
口感：入口甘甜。

◎叶底

呈黄厚实。

茶叶小趣闻

正宗的金丝皇菊产地是位于江西省西北部的一个山区修水县，这里家家户户都爱喝菊花茶，菊花茶也是修水人招待贵客的必备礼数。

修水皇菊品种很多，唯有金丝皇菊外形美丽且味道香润清甜，很受当地人的喜爱。修水县地处山区，海拔较高，金丝皇菊迎寒开放，一般在11月初全面盛开，也就是农历的重阳节往后，诗云："待到重阳日，还来就菊花。"金丝皇菊每年盛开一次，周期长，花期短，只有20天左右。

据相关记载，修水人喝菊花茶已有几千年的历史，在这悠悠的历史长河中，金丝皇菊滋养了一代又一代的修水人。

贮藏

日常生活中，金丝皇菊只要保存在密封、低温、避光、防潮、防异味的环境中即可。可用干燥、密封的罐子存放金丝皇菊。罐内底部放置双层棉纸，罐口放置二层棉布而后压上盖子。此外，还可将拆封的金丝皇菊密封，放入冰箱内冷藏。

 **七彩菊茶**

产地：

西藏自治区。

茶叶介绍

　　七彩菊，又名洋菊花，产于西藏高山之中，有散风清热、平肝明目的作用，还有独特的美容奇效，长期饮用对女性面部美容有很好的效果。七彩菊长在高山云雾中，吸山水之灵秀，收日月之精华，无污染，集观赏与饮用为一体，无论单饮还是配茶叶共饮，均清香四溢。花朵在杯中经水一泡，含苞欲放，或悬或浮，令饮者心境舒展。

　　七彩菊茶花朵饱满，色泽橘黄渐变，汤色清澈亮黄，香气淡淡微苦，冲泡后花朵匀整，滋味清爽者为最佳。喝的时候最好加上几块冰糖或者蜂蜜。但要注意孕妇不宜饮用。

◎干茶

外形：花朵饱满，橘黄渐变。

气味：七彩菊清香气。

手感：顺滑，毛绒感。

◎茶汤

香气：淡淡微苦。

汤色：清澈亮黄。

口感：滋味清爽。

◎叶底

花朵匀整。

玉兰花茶

产地：

江苏省苏州市。

茶叶介绍

玉兰花属木兰科植物，原产于长江流域。玉兰花采收以傍晚时分最宜，用剪刀将成花一朵朵剪下，浸泡在8～10℃的冷水中1～2分钟，再沥干，经严格的气流式窨制工艺，即分拆枝、摊花、晾制、窨花、通花、续窨复火、匀堆装箱等工序，再经照射灭菌制成花茶。成品外形条索紧结匀整，色泽黄绿尚润；内质香气鲜灵浓郁，具有明显的鲜花香气是为上品。

玉兰花冲泡后汤色浅黄明亮，香气清纯隽永。泡好后待茶汤稍凉，小口喝入，将茶汤稍微含在口中，以口吸气，以鼻呼气，让茶汤在舌面上往返1～2次，充分与味蕾接触，待品尝到茶汤滋味和清香后再咽下，回味无穷。

◎干茶

外形：紧结匀整，黄绿尚润。
气味：淡淡玉兰香。
手感：叶片光润，有韧性。

◎茶汤

香气：鲜灵浓郁。
汤色：浅黄明亮。
口感：醇厚鲜爽。

◎叶底

细嫩匀亮。

玳玳花茶

产地：

浙江省金华市。

茶叶介绍

　　玳玳花茶因其香味浓醇的品质和开胃通气的药理作用而深受消费者喜爱，被誉为"花茶小姐"，畅销华北、东北、江浙一带。

　　玳玳花茶一般用中档茶窨制，头年必须备好足够的茶坯，窨制前应烘好素坯，使陈味挥发，茶香透出，从而有利于玳玳花香气的发散。

　　玳玳花茶还是一种美容茶，可减肥去脂。

◎ **干茶**

外形：条索细匀，全黄泛绿。

气味：玳玳花香。

手感：光滑。

◎ **茶汤**

香气：鲜爽浓烈。

汤色：黄明清澈。

口感：滋味浓醇。

◎ **叶底**

黄绿明亮。

256

茉莉花茶

产地：

福建省福州市。

茶叶介绍

　　茉莉花茶是将茶叶和茉莉鲜花进行拼和、窨制，使茶叶吸收花香而成，因茶中加入茉莉花朵熏制而成，故名茉莉花茶。茉莉花茶经久耐泡，根据品种和产地、形状的不同，茉莉花茶又有着不同的名称。

　　茉莉花茶常为一芽一叶、二叶或嫩芽多，芽毫显露；特级、一级茶所用原料嫩度较好，条形细紧，芽毫稍显露；二级、三级茶所用原料嫩度稍差，基本无芽毫；四级、五级茶属于低档茶，原料嫩度较差，条形松、大，常带茎梗。

◎ **干茶**

外形：紧细匀整，黑褐油润。
气味：茉莉清香。
手感：柔而疏松。

◎ **茶汤**

香气：鲜灵持久。
汤色：黄绿明亮。
口感：醇厚鲜爽。

◎ **叶底**

嫩匀柔软。

金银花茶

产地：

四川省。

茶叶介绍

金银花茶是一种新兴保健茶，茶汤芳香、甘凉可口。常饮此茶，有清热解毒、通经活络、护肤美容之功效。市场上的金银花茶有两种：一种是鲜金银花与少量绿茶拼和，按金银花茶窨制工艺窨制而成的金银花茶；另一种是用烘干或晒干的金银花干与绿茶拼和而成。

早在两千多年以前我们的祖先对金银花就已有一定的认识了。《神农本草》将金银花列为上品，并有"久服轻身"的明确记载；《名医别录》记述了金银花具有治疗"暑热身肿"之功效；李时珍在《本草纲目》中对金银花久服可轻身长寿作了明确定论。

◎干茶

外形：紧细匀直，灰绿光润。
气味：金银花香气。
手感：柔滑。

◎茶汤

香气：清纯隽永。
汤色：黄绿明亮。
口感：醇厚甘爽。

◎叶底

嫩匀柔软。

玉蝴蝶

产地：

云南省、贵州省。

茶叶介绍

玉蝴蝶也称木蝴蝶，又名白玉纸，为紫葳科植物玉蝴蝶的种子，主产于云南、贵州等地，因为略似蝴蝶形得名。

玉蝴蝶茶主要摘取玉蝴蝶种子进行冲泡，既是云南少数民族的一种民间茶，又是一味名贵中草药，能清肺热，对急慢性支气管炎有很好的疗效。

玉蝴蝶干茶闻之有绿茶之清香，又有鲜花之芬芳，一般具有花郁茶香的花茶，才是佳品。

◎ **干茶**

外形： 形似蝴蝶，米黄无光。
气味： 玉蝴蝶香。
手感： 光滑。

◎ **茶汤**

香气： 花郁茶香。
汤色： 黄亮清澈。
口感： 淡雅清爽。

◎ **叶底**

蝴蝶展翅。

玫瑰花茶

◎**干茶**

外形：紧细匀直，色泽均匀。

气味：玫瑰花甜香。

手感：紧实。

产地：

山东省济南市平阴县。

茶叶介绍

　　玫瑰花茶是用鲜玫瑰花和茶叶的芽尖按比例混合，利用现代高科技工艺窨制而成的高档茶，其香气具浓、轻之别，和而不猛。我国现今生产的玫瑰花茶主要有玫瑰红茶、玫瑰绿茶、墨红红茶、玫瑰九曲红梅等花色品种。玫瑰花采下后，经适当摊放、折瓣，拣去花蒂、花蕊，以净花瓣付窨。

　　玫瑰窨制花茶，早在我国明代《茶谱》中就有详细记载。

◎**茶汤**

香气：浓郁悠长。

汤色：淡红清澈。

口感：浓醇甘爽。

◎**叶底**

嫩匀柔软。

洛神花茶

◎干茶

外形：外形完整，透着鲜红。
气味：洛神花香。
手感：光滑，蓬松。

产地：

广东省、广西壮族自治区、台湾地区、云南省、福建省等。

茶叶介绍

　　洛神花又称玫瑰茄、洛神葵、山茄等，广布于热带和亚热带地区，原产于西非、印度，目前在我国的广东、广西、福建、云南、台湾等地均有栽培。

　　洛神花茶有美容、瘦身、降压之功效，很适合现代女性饮用。

　　洛神花茶富含人体所需氨基酸、有机酸、维生素C及多种矿物质和木槿酸等，其中木槿酸被认为对治疗心脏病、高血压、动脉硬化等有一定疗效。

◎茶汤

香气：淡淡酸味。
汤色：艳丽通红。
口感：微酸回甜。

◎叶底

叶底匀整。

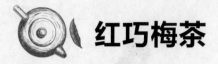 # 红巧梅茶

◎**干茶**

外形：朵朵饱满，鲜亮玫红。
气味：红巧梅香气。
手感：毛茸茸。

产地：

中国西南边疆地区。

茶叶介绍

　　红巧梅是千日红的一种，俗称妃子红，花朵红艳。红巧梅茶产于中国西南边疆地区，为历代宫廷饮用必备贡品，产量极为稀少，是在西欧也极为盛行的一种花茶。

　　用开水冲泡的红巧梅，花型舒展，婀娜多姿。汤色晶莹剔透，观之赏心悦目，饮之滋味爽口，能使人心旷神怡。红巧梅不仅有益健康，还能美容养颜，深受女性青睐。红巧梅可调节内分泌、解郁降火、补血、健脾胃、通经络、消炎、祛斑。外用时还能滋润皮肤，使皮肤白嫩、红润。

◎**茶汤**

香气：清香凛冽。
汤色：淡粉红色。
口感：甘甜清爽。

◎**叶底**

叶底匀整。